生态环境空间管理丛书

浙江省环境功能区划
应用实践

王浙明　于海燕　王金南　王晶晶　等著

中国环境出版集团·北京

图书在版编目（CIP）数据

浙江省环境功能区划应用实践/王浙明等著. —北京：中国环境出版集团，2020.4
（生态环境空间管理丛书）
ISBN 978 - 7 - 5111 - 4212 - 2

Ⅰ.①浙⋯　Ⅱ.①王⋯　Ⅲ.①环境功能区划—研究—浙江　Ⅳ.①X321.255

中国版本图书馆 CIP 数据核字（2019）第 289991 号
地图审核号：浙 S（2019）19 号

出 版 人　武德凯
责任编辑　葛　莉
责任校对　任　丽
封面设计　彭　杉

_____

出版发行　**中国环境出版集团**
　　　　　（100062　北京市东城区广渠门内大街 16 号）
　　　　　网　　　址：http：//www.cesp.com.cn
　　　　　电子邮箱：bjg1@cesp.com.cn
　　　　　联系电话：010 - 67112765（编辑管理部）
　　　　　　　　　　010 - 67113412（教材图书出版中心）
　　　　　发行热线：010 - 67125803　010 - 67113405（传真）
印　　刷　北京建宏印刷有限公司
经　　销　各地新华书店
版　　次　2020 年 4 月第一版
印　　次　2020 年 4 月第一次印刷
开　　本　787×1092　1/16
印　　张　8.5
字　　数　166 千字
定　　价　48.00 元

_____

中国环境出版集团郑重承诺：
中国环境出版集团合作的印刷单位、材料单位均具有中国环境标志产品认证；
中国环境出版集团所有图书"禁塑"。

前言

PREFACE

编制实施环境功能区划，是贯彻《全国主体功能区规划》、落实主体功能区战略、加强生态环境保护的具体实践，也是提升环境服务功能、促进国土空间高效协调可持续发展的重要措施。2009年，环境保护部启动国家环境功能区划编制研究与试点工作，并委托环境保护部环境规划院为主要技术支撑单位，先后组织编制完成《全国环境功能区规划纲要》和《环境功能区划编制技术指南（试行）》，分两批在吉林、浙江、新疆、河北、黑龙江、河南、湖北、湖南、广西、四川、青海、宁夏12个省（区）开展了环境功能区划编制试点工作。

12个试点省份积极开展环境功能区划试点实践，积累提炼了大量基础性做法和实践性经验，为国家生态保护红线划定和各省份环境保护"十三五"规划编制工作奠定了良好的基础。其中，浙江、湖南、新疆等试点省（区）将环境功能分区与生态保护红线工作有机融合；四川、广西等试点省（区）在环境功能评价指标选取上进行了有益探索和创新；浙江、宁夏等试点省（区）提出了分区管控的负面清单，深化了分区环境政策；浙江、新疆、河南等省（区）自行组织开展市、县级区划编制试点，细化分区差别化管控措施。

通过各省份的试点实践，区分了不同类型地区的环境功能，实行了分类管理、分区控制，推动形成了良性的生态安全格局，有助于优化空间结构与布局，支撑健康的城镇化格局和农业生产格局，促进经济、社会、环境协调发展，有利于国家主体功能区战略在环境保护领域的落地。同时，建立基于环境功能区划的环境空间管治体系，使政府管理人员和企业一目

i

了然，直接形成明确的建设项目环境准入门槛，极大地简化了项目环境审批流程，提高了环境管理的水平和效率，更有利于地方操作落实，为构建"一个办法、一个区划、一张图"的生态环境空间管控制度框架提供了坚实支撑。

浙江省是典型的经济大省和资源小省，随着多年来经济和社会的快速发展，国土空间资源开发强度过大、开发无序、开发效率偏低等问题日益突出，并导致了一系列的生态环境问题。编制实施环境功能区划，落实生态保护红线，加强生态环境资源开发利用空间管制，对增强区域开发的环境合理性、提高环境精细化管理水平和效率、促进形成经济社会发展与生态环境承载力相协调的区域开发格局、打造"诗画江南"、不断满足全省人民群众对高质量生态环境日益增长的需求、确保全省生态环境质量继续保持在全国前列具有重要意义。

本书重点介绍浙江省在环境功能区划编制思路、区划框架体系建立、环境功能评价、分区方案划定以及分区管控措施制定方面的实践经验，是环境功能区划技术方法在省（区）层面的具体实践，进一步完善了生态环境空间管控理论体系，全面检验了区划技术方法，丰富了区划编制体系，相关内容可供有关政府部门和研究机构参考。

全书共9个章节。第1章由王浙明等人撰写；第2章由王浙明、于海燕、胡尊英等人撰写；第3章由王晶晶、王浙明、许开鹏等人撰写；第4章由于海燕、胡尊英、王浙明等人撰写；第5章由王浙明、于海燕、胡尊英、张雍等人撰写；第6章由王浙明、张雍等人撰写；第7章由张雍、王浙明等人撰写；第8章由刘瑜、王浙明等人撰写；第9章由张雍、马恒等人撰写。全书由张雍、许开鹏负责统稿，王浙明、王金南负责定稿，胡尊英、马恒负责图件制作。

本书在编写过程中，得到了原浙江省生态环境厅规划和财务处喻志钢、杨文敏等人的大力支持，在此一并致谢。

著 者

2019 年 10 月

目 录

CONTENTS

第1章 总 论

编制实施环境功能区划，从生态环保角度对国土空间进行分区管控，是浙江省贯彻党的十八届三中全会和省委十三届四次、五次会议精神的重要举措，也是浙江省重点开展的环境保护基础制度创新工作之一。

1.1 区划背景

党的十八大和十八届三中全会提出要大力推进生态文明建设，并按照人口资源环境相均衡、经济社会生态效益相统一的原则，优化国土空间开发格局，加快实施主体功能区战略，构建科学合理的城镇化格局、农业发展格局、生态安全格局。新修订的《环境保护法》规定在重点生态功能区、生态环境敏感区和脆弱区等区域划定生态保护红线，实行严格保护。浙江省委十三届四次会议明确提出要着眼于建设美丽浙江，加快建立生态文明制度，健全国土空间开发、资源节约利用、生态环境保护体制机制，并建立生态环境空间管制制度，编制全省环境功能区规划，划定生态红线。另外，环境功能区划也是"十二五"时期国家确定的一项重点任务，《国务院关于加强环境保护重点工作的意见》（国发〔2011〕35号）和《国家环境保护"十二五"规划》（国发〔2011〕42号）都对此提出了明确的要求。

经过改革开放30多年的快速发展，浙江省国土空间生态环境资源的高强度开发利用引发的生态环境问题也逐步显现。全省人口经济集中在占20％左右的平原、河谷地区，国土空间开发整体效率偏低，部分区域生态环境负荷不断加大，对生态环境资源开发利用强度已经超限，环境问题凸显和多发。过分依赖行政区推动发展的思路，导致各地发展路径单一、发展模式同质化现象明显。一些水系源头地区、重要生态屏障（包括省级重点生态功能区所在的10个县、市）仍以发展工业为重点，可能导致"既没金山银山，也没绿水青山"的双输局面。编制实施环境功能区划，加强生态环境空间管制，能使国土空间开发与区域环境功能定位相符合，与生态环境承载能力相适应，从而处理好经济发展和环境保护的关系。

2012年8月，环境保护部下发《关于开展环境功能区划编制试点工作的通知》，

确定浙江、吉林和新疆等省（区）作为省级环境功能区划编制试点，并出台了《环境功能区划编制技术指南（试行）》。

为深入贯彻党的十八届三中全会和省委十三届四次、五次全会精神，优化国土空间开发格局，增强区域开发的环境合理性，保障全省生态环境安全，提升生态文明建设水平，加强全省生态环境空间管制，根据原环保部的相关要求，开展浙江省环境功能区划编制试点工作，编制《浙江省环境功能区划》。

1.2　编制过程

浙江省在环境功能区划方面具备较好的基础。近年来，相继划定并实施了全省水、气、生态和近岸海域等要素功能区划，在全国率先试行了市、县的生态环境功能区规划。另外，浙江省在环境功能区划方面有许多先行经验被原环保部吸收到全国环境功能区划编制过程中，并被列为首批 3 个试点省之一。2012 年下半年以来，按照国家要求，在总结市、县域生态环境功能区规划编制实施经验的基础上，统筹衔接要素功能区划，组织开展了省级环境功能区划的研究与编制工作，力求形成既符合国家试点工作要求，又体现浙江特色的环境功能区划。区划的编制研究主要从区划目标定位、区划体系、技术路线、功能区识别、环境功能目标与管控措施、与其他规划的关系、区划实施保障等方面进行展开。编制好省级环境功能区划，为指导和约束市、县环境功能区划编制奠定良好的基础。

总体来说，省级环境功能区划编制经历了如下三个阶段：

第一阶段（2012 年）：准备阶段

按照环保部下达的试点要求，浙江省迅速成立了由省环境保护科学设计研究院和省环境监测中心 2 家单位的多名成员组成的项目编制组。根据环保部的安排，派遣编制组主要成员赴北京参加相关会议和学习，并与环保部规划院以及其他试点地区的专家进行了交流和沟通。

编制资料清单，开展相关资料的收集工作，与省测绘局、国土厅、建设厅、农业厅等多个部门联系，请求提供基础资料，包括基础的地理信息矢量图、自然资源分布情况、环境质量状况、污染物产生和排放状况、社会经济发展状况、人口分布情况、其他省级各类区划和规划等。同时，对浙江省环境功能区划前期研究工作的成果进行总结和梳理，包括环境功能界定与划分、环境功能综合评价、分区管控目标设计等。初步明确了省级环境功能区划的定位，根据省级环境功能区划的目标要求，研究提出了建立省、市（县）二级环境功能区划体系的基本架构。基本形成省级环境功能区划的编制思路和方法，结合浙江省的实际情况，起草了环境功能区划大纲。

第二阶段（2013 年）：进行初步编制和市县试点阶段

按照《全国环境功能区划编制技术指南（试行）》，编制浙江省环境功能区划初稿，初步划分环境功能区，制定分区环境目标和管控措施。2013 年 9 月初，召开了省级环境功能区划研讨会，邀请环保部规划院和省内相关专家对初稿进行研讨，根据专家意见进行了修改完善。开展第一轮的浙江省环境功能区划征求意见工作，主要对象为省级各个政府部门和各个地市的环保局。收集整理各方面反馈意见，对区划进行修改完善，完成省级环境功能区划的修改稿。

2013 年 11 月，熊建平副省长听取了省级环境功能区划编制情况汇报。根据熊建平副省长提出的"可操作、可复制和可落地"的要求，启动了市县环境功能区划编制试点工作，选择湖州市区、平湖市、长兴县和开化县作为编制试点。成立市县环境功能区划编制试点技术组，起草了《浙江省市县环境功能区划编制技术指南》，为试点工作提供指导。

第三阶段（2014 年）：完善并形成送审稿阶段

开展浙江省环境功能区划总体思路、环境功能区划与其他区划（规划）的关系、环境功能区划管理与实施、浙江省生态环境状况及生态功能评估等 4 个专题研究。2014 年 4 月，初步完成了 4 个市县环境功能区划试点编制，总结市县环境功能区划编制试点经验，提出 6 大类环境功能区、负面清单等多项符合浙江省实际的创新内容。熊建平副省长专题听取了市县区划编制试点情况专题汇报，并到平湖进行了调研，提出了进一步深化完善试点区划的要求。结合专题研究和市县试点成果，进一步修改完善了浙江省环境功能区划文本和编制说明，形成了二次征求意见稿。7 月，再次向熊建平副省长进行了汇报。随后，由省环保厅发文，开展了第二轮全省范围的意见征求，向 12 个省级有关部门和全省 11 个地市环保局征求意见，所有部门均进行了回复。根据相关意见，进行了修改，形成送审稿。

1.3　编制总体思路

根据《全国环境功能区划纲要》和《环境功能区划编制技术指南（试行）》，制订浙江省环境功能区划编制方案；开展资料收集和文献调研，结合浙江省生态环境特点，并听取专家意见，选取合适的环境功能评价指标，建立符合浙江省实际的环境功能评价指标体系，并进行环境功能综合评价；根据评价结果，按照主导因素依次识别生态环境主导功能环境功能区类型；结合社会经济发展现状和趋势，衔接主体功能区规划、土地利用总体规划、生态功能区划等相关区划（规划），确定浙江省环境功能区划分方案；根据各环境功能区主导功能定位和特征，提出针对性的功能区环境目标、管控措施及负面清单，完成《浙江省环境功能区划》文本及图件。

由于环境功能区划是一项创新性工作，在省级环境区划编制形成初步成果后，及时组织开展市县环境功能区划编制试点，并在总结市县试点经验的基础上，进一步完善省级环境功能区划。

1.4 区划原则

良好的环境是人类社会存在和发展的前提和基础。编制实施环境功能区划，必须优先遵循自然规律，同时，环境功能区划编制又是在现有的社会经济发展格局的基础上进行，并与现状相结合。因此，编制实施环境功能区划应遵循以下原则。

（1）保护优先、以人为本

优先保护重要生态功能区、生态脆弱区、生物多样性保育区，以及具有一定自然文化资源价值或尚未受到大规模人类活动影响且仍保留着其自然特点的较大连片区域，划定生态保护红线，严守生态安全底线。在环境相对不太敏感的区域，合理考虑人类社会和经济发展的需求，控制污染，以实现美化人居环境和保障人群环境健康的目标。

（2）综合评估，科学定位

根据环境的区位、环境功能的基本特征和空间分布规律等自然属性，综合评价区域环境承载能力、环境功能和区域经济社会发展状态，结合对区域发展趋势的分析，以及人类生存、生活、生产、发展对环境功能不同需求的评估，科学确定区域环境的基本功能，划分环境功能区。

（3）突出主导、统筹兼顾

突出区域的主导环境功能，制定主体环境功能目标和专项环境质量目标。根据区域发展现状，在不削弱区域主导环境功能的基础上，统筹考虑其他非主导环境功能需求，制定区域的环境管理要求，确保主导环境功能不受其他功能的影响而改变。

（4）衔接协调、操作可行

各级环境功能区划除了应与上级环境功能区划做好衔接外，还应与同级的规划（区划）包括主体功能区划、城镇体系规划、土地利用总体规划、城镇总体规划等进行衔接，明确各功能区的界线，达到功能区边界清晰、可落地的要求。根据不同功能区的特点，制定环境质量目标和管理要求，明确产业准入标准、分区差别化管控要求及负面清单等，为管理部门提供可行的操作手段。

（5）强化监督、依法管理

环境功能区划在编制以及实施过程中均应实行公开管理，向全社会进行发布，接受人民群众的监督，充分接纳各方意见。各级政府应严格按照环境功能区划的要求，依法进行分区环境管理，杜绝不符合环境功能区的各类开发建设活动。

1.5　技术路线

技术路线见图 1-1。

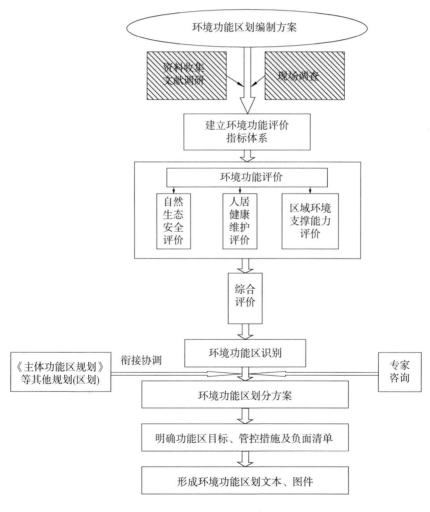

图 1-1　技术路线图

第2章 区域概况

2.1 自然状况

浙江省地处中国东南沿海。东临东海,北连长江三角洲,与江苏省接壤,太湖位于两省之间,东北一角邻上海市,西界安徽省和江西省,南连福建省。境内最大的河流钱塘江,因江流曲折,称之江,又称浙江,省以江名,简称"浙"。自古以来就有"鱼米之乡、丝茶之府、文物之邦、旅游胜地"之称。浙江省东西和南北的直线距离均为450km左右,陆域面积10.18万 km²,占全国国土面积的1.06%,是中国面积最小的省份之一;海域面积26万 km²,水深在200m以内的大陆架面积达23万 km²,面积大于500m²的海岛2 878个,大陆海岸线和海岛岸线长达6 696km,约占全国海岸线总长的1/3,居全国第一。

浙江地形复杂,山地和丘陵占70.4%,平原和盆地占23.2%,河流和湖泊占6.4%,故有"七山一水两分田"之说。地势由西南向东北倾斜,大致可分为浙北平原、浙西丘陵、浙东丘陵、中部金衢盆地、浙南山地、东南沿海平原及滨海岛屿六个地形区。浙江西南多为千米以上的群山盘结,其中位于龙泉市境内的黄茅尖,海拔1 929m,为全省最高峰。主要山脉自北而南分别有怀玉山、天目山脉、括苍山脉。五大平原为:杭嘉湖平原(杭州、嘉兴、湖州)、宁绍平原(宁波、绍兴)、温黄平原(温岭、黄岩)、温瑞平原(温州、瑞安)、柳市平原;盆地主要是金衢盆地。

浙江属典型的亚热带季风气候,四季分明,年温适中,光照较多,雨量丰沛,空气湿润。受东亚季风影响,冬夏盛行风向有显著变化,降水有明显的季节变化。年平均气温为16.1～18.6℃,年均降水量为1 109.1～2 132.3mm。

2.2 行政区划

浙江省下辖杭州、宁波两个副省级城市和温州、绍兴、湖州、嘉兴、金华、衢州、舟山、台州、丽水9个地级市;下分90个县级行政区,包括34个市辖区、21个县级市、35个县(含1个自治县)。共654个镇,290个乡,28 812个村。2012年年底,户籍总人口 4 781.31 万人，其中农业人口数 3 279.43 万人。

2.3　社会经济

2012 年，全省生产总值为 34 606 亿元，比上年增长 8.0%。其中，第一产业增加值 1 670 亿元，第二产业增加值 17 312 亿元，第三产业增加值 15 624 亿元，分别增长 2.0%、7.3% 和 9.3%。人均 GDP 为 63 266 元，增长 7.7%。三次产业增加值结构由上年的 4.9：51.2：43.9 调整为 4.8：50.0：45.2。

财政总收入 6 408 亿元，比上年增长 8.2%；地方公共财政预算收入 3 441 亿元，增长 9.2%。全年城镇居民人均可支配收入中位数为 30 613 元，增长 12.2%；农村居民人均纯收入为 12 787 元，增长 10.7%。

2.4　生态环境状况

根据《2012 年浙江省环境状况公报》，2012 年全省环境质量呈现稳中向好的趋势，生态环境状况指数位居全国前列。

2.4.1　水环境质量

2012 年，浙江省地表水总体水质为轻度污染。221 个省控断面中，Ⅰ～Ⅲ类水质断面占 64.3%，Ⅳ类占 17.2%，Ⅴ类占 4.0%，劣Ⅴ类占 14.5%；满足功能要求断面比例（即功能区达标率）为 68.3%。主要污染指标为石油类、氨氮、总磷。

2005 年以来，瓯江河口、飞云江河口水质较好，以Ⅱ类为主；钱塘江河口水质为Ⅱ～Ⅳ类，曹娥江水质为Ⅳ～劣Ⅴ类，近年来水质均有所好转；甬江河口历年水质均为Ⅳ类；椒江河口除 2005 年、2007 年和 2012 年水质为Ⅳ类外，其余年份均为劣Ⅴ类；鳌江河口水质除 2011 年、2012 年为Ⅴ类外，其余年份均为劣Ⅴ类。

2012 年，浙江省省控的 4 个湖泊中，西湖水质为Ⅲ类，达到功能区水质要求；东钱湖水质为Ⅳ类，鉴湖水质为Ⅴ类，南湖水质为劣Ⅴ类，均不满足功能要求，主要污染指标为石油类、总磷和氨氮等。

大部分水库水质良好，12 个省控水库共设置监测断面 23 个，按水库个数统计，水质类别为Ⅰ～Ⅲ类。其中Ⅰ类 2 个，占 16.7%；Ⅱ类 9 个占 75.0%；Ⅲ类 1 个，占 8.3%。

16 个省控湖库营养状况以中营养为主，共有 12 个，占 75.0%；富营养化湖库

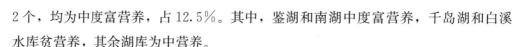

2个，均为中度富营养，占12.5%。其中，鉴湖和南湖中度富营养，千岛湖和白溪水库贫营养，其余湖库为中营养。

2000年以来，省控湖库Ⅰ～Ⅲ类水质断面比例为52.6%～83.3%。总体上，2008年前水质呈下降趋势，2008年以后呈好转趋势。省控湖库富营养化比例为12.5%～42.1%，2009年前富营养化总体呈加剧趋势，2009年以后呈好转趋势。

2012年浙江省近岸海域总体水质状况等级为极差，以四类和劣四类海水为主，占58.6%，三类海水占7.4%，一、二类海水占34.0%。嘉兴、舟山、宁波、台州、温州等沿海城市近岸水域水质状况处于差和极差之间。杭州湾、象山港、三门湾和乐清湾等重要海湾水质状况均为极差，100%为劣四类海水，主要超标指标为无机氮、活性磷酸盐。另外，2012年浙江省近岸海域总体处于中度富营养化状态。各重要海湾中，杭州湾处于严重富营养化状态，富营养化指数均值高达43.4，象山港和乐清湾处于重富营养化状态，三门湾处于中度富营养化状态。近岸水域环境的恶化，使重要湿地鸟类，海洋经济鱼、虾、蟹和贝藻类的生物产卵场、育肥场或越冬场等生物栖息环境受到严重威胁。

2001—2010年，浙江省近岸海域总体水质在差至极差之间，特别是2001—2005年水质状况级别均为极差，2006年以来水质状况级别虽略有改善，但形势仍很严峻。

近10年来，浙江省近岸海域环境功能区水质监测范围不断扩大，2001年为42 037.8km²，至2010年监测面积已达44 700.4km²。环境功能区水质达标率总体呈逐年上升趋势，但在2010年却大幅回落，主要超标项目均为无机氮和活性磷酸盐。

2.4.2 环境空气质量

2012年，全省69个县级以上城市环境空气质量总体良好，98.6%的城市达到国家二级标准，1.4%的城市达到三级标准。全省县级以上城市空气综合污染指数范围为0.65～2.35，平均为1.53。首要污染物仍为可吸入颗粒物。县级以上城市二氧化硫、二氧化氮和可吸入颗粒物平均污染负荷分别为25.5%、26.2%和48.3%。可吸入颗粒物为首要污染物，二氧化氮次之。

2012年，全省69个县级以上城市二氧化硫年均浓度达到空气质量二级标准，其中54个城市达到一级标准，占78.3%。二氧化硫年均浓度为0.007～0.049mg/m³，平均为0.024mg/m³。

2012年，县级以上城市二氧化氮年均浓度达到空气质量二级标准，其中26个城市达到一级标准，占 37.7%。二氧化氮年均浓度为 0.007～0.054mg/m³，平均值为 0.032mg/m³。2012 年，县级以上城市可吸入颗粒物年均浓度达到空气质量一级标准的城市 2 个，占 2.9%；二级 66 个，占 95.7%；三级 1 个，占 1.4%。其中 26 个城市达到一级标准，占 37.7%。县级以上城市可吸入颗粒物年均浓度为 0.039～0.107mg/m³，平均值为 0.072mg/m³。

2.5 生态胁迫

浙江省经济发展与人口增长迅速，对自然资源和生态环境的压力逐渐加大。生态胁迫调查与评估旨在分析生态系统胁迫因素的时空变化特征及对生态系统的影响。通过对生态胁迫的分析，明确自然资源和生态环境的压力状态和生态胁迫增长速度，掌握自然生态现状，为环境功能分区提供具体指导，如生态胁迫综合评价指数高且增长迅速的地区，侧重人类活动和人群健康保障，反之侧重自然生态保护。评价指标见表 2-1。

表 2-1 生态环境胁迫评价指标体系

一级指标	二级指标
社会经济活动强度	人口密度
	非农人口密度
	GDP 密度
	第一产业增加值密度
	第二产业增加值密度
	第三产业增加值密度
开发建设活动强度	城镇建设用地强度
	道路交通网络密度
	水利开发强度
	水资源利用强度
污染物排放强度	单位国土面积污水排放量
	单位国土面积氨氮排放量
	单位国土面积 COD 排放量
	单位国土面积 SO_2 排放量
	单位国土面积 NO_x 排放量
农业活动强度	单位面积化肥使用量
	单位面积农药施用量
	单位面积农用塑料薄膜使用量

2.5.1　经济社会活动强度

2012 年，浙江省人口总密度和非农人口密度分别为 471 人/km² 和 149 人/km²，比 2000 年分别增长了 6.6％和 52.9％（图 2-1）。全省人口密度分布呈显著的地区差异性，总体表现为浙东北大于浙西南。部分地区人口聚集现象明显，杭州市上城区和下城区，以及宁波市海曙区人口密度超过 10 000 人/km²。

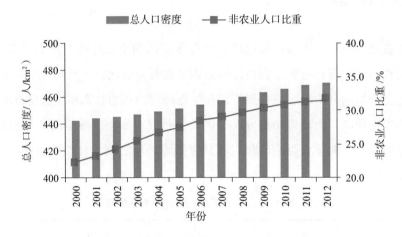

图 2-1　浙江省人口密度变化情况（2000—2012 年）

2000—2012 年，三次产业结构由 2000 年的 10.3∶53.3∶36.4 调整为 2012 年的 4.8∶50.0∶45.2。第一产业比重逐年下降，共减少 5.5 个百分点；第二产业比重总体呈现先升后降的趋势，2006 年达到最大（54.1％）；第三产业比重保持稳步增长，共增长 8.8 个百分点（图 2-2）。

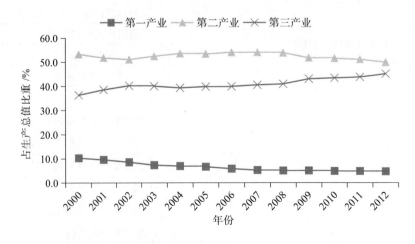

图 2-2　浙江省生产总值结构变化图（2000—2012 年）

浙江省经济总体呈快速稳步发展态势。2012 年，浙江省总产业及第一、第二和第三产业增加值密度（按 2000 年可比价，下同）分别为 2 297 万元/km²、91 万元/km²、1 261 万元/km² 和 940 万元/km²，较 2000 年分别增长了 280.8%、47.4%、292.1%和 328.0%（图 2-3）。

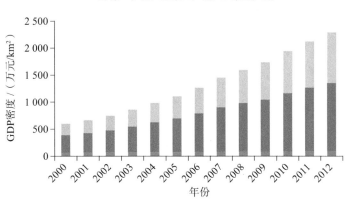

图 2-3　浙江省可比价 GDP 密度变化图（2000—2012 年）

2.5.2　开发建设活动强度

2000—2012 年，浙江省城市化水平不断攀升。截至 2012 年年末，全省城市化水平达到 63.2%，较 2000 年增长了 14.5 个百分点，高出全国平均水平约 12 个百分点，稳居全国各省区第三位。

城镇建设用地指数（USLI）是城镇建设用地面积与国土面积的比值，其中城镇建设用地面积来源于遥感解译数据。2000 年、2005 年和 2010 年全省 USLI 指数分别为 6.81%、8.26%和 11.02%，呈逐年增长趋势（图 2-4）。

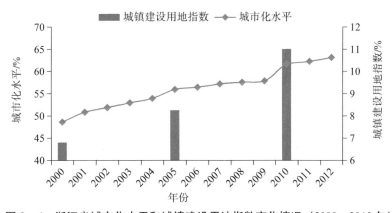

图 2-4　浙江省城市化水平和城镇建设用地指数变化情况（2000—2012 年）

2000—2012年，浙江省城市道路建设发展迅速，城市道路面积不断增长。截至2012年，全省城市道路面积达到335.75km²，人均拥有道路面积7m²，是2000年的3倍多（图2-5）。

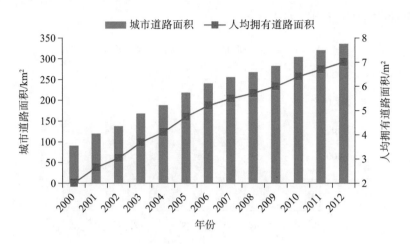

图2-5　浙江省城市道路面积变化情况（2000—2012年）

2000—2010年，浙江省道路交通网络密度指数（RDI）逐年上升。截至2010年，浙江省RDI为200m/km²，比2000年增加了94.65%（图2-6）。

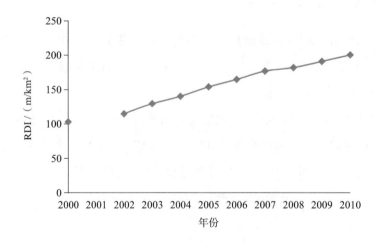

图2-6　浙江省交通网络密度指数变化情况（2000—2010年）

嘉兴市与舟山市无水利开发建设，水电开发强度指数为0，其余各市的水电开发强度逐年攀升。到2010年，宁波市水电开发强度最大，为88.79%，其次是金华市和绍兴市，杭州市水电开发强度最小，为21.07%。大多数设区市水电开发强度指数2005—2010年增幅低于2000—2005年，水电开发活动有所放缓（图2-7）。

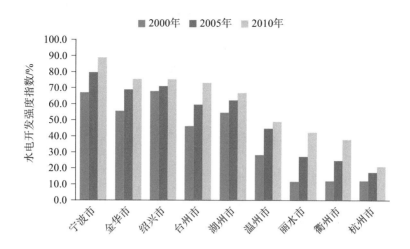

图 2-7　浙江省各设区市水电开发强度指数

2010 年全省水资源总量为 1 397.6 亿 m³，较多年平均偏多 46.3%。用水总量为 220.0 亿 m³，比 2000 年增加了 9.41%。2000—2010 年，浙江省水资源总量波动明显，大多数年份水资源总量低于多年平均，其中 2003 年和 2004 年严重匮乏。全省总用水量总体表现为逐年上升（图 2-8）。

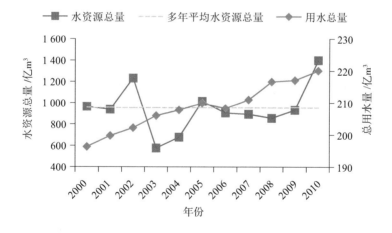

图 2-8　浙江省水资源总量和用水总量变化情况（2000—2010 年）

2010 年，浙江全省农业、工业、生活、生态用水所占比重分别是 43.8%、28.6%、15.6% 和 12.0%。2000—2010 年，用水结构逐步调整：农业用水比重逐年下降；生活和生态用水比重逐年增加；工业用水比重较为稳定，约占总用水量的 30.0%（图 2-9）。

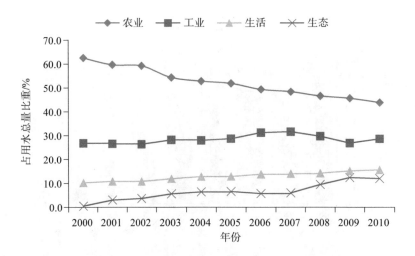

图 2 - 9　浙江省用水结构变化（2000—2010 年）

水资源利用强度指数是用水量与地表水资源量的比值。2000—2010 年，浙江省水资源利用强度指数（WRUI）呈现波动变化。2001—2005 年，WRUI 波动幅度大；2005—2008 年，WRUI 缓慢上升；自 2008 年起有所下降。2003 年浙江省水资源匮乏，导致 WRUI 高；2010 年浙江省水资源多于多年平均，WRUI 较低（图 2 - 10）。

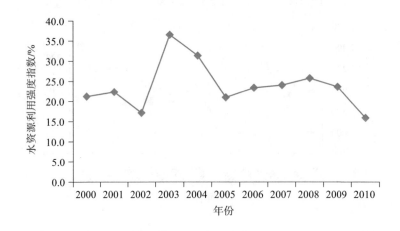

图 2 - 10　浙江省水资源利用强度指数变化（2000—2010 年）

2.5.3　污染物排放强度

2012 年全省废水排放量共计 42.10 亿 t，其中工业源 17.54 亿 t，生活源 24.50 亿 t，所占比重分别为 41.69％和 58.19％。废水排放强度为 4.14 万 t/km²。

2000—2010 年，随着工业发展和城镇化水平的提高，全省生活污水和工业废水排放量总体呈上升趋势，排放强度总体呈上升趋势（图 2-11）。

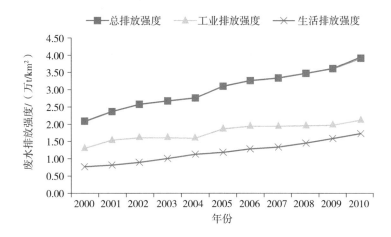

图 2-11　浙江省废水排放强度变化情况（2000—2010 年）

2012 年全省化学需氧量排放量共计 78.62 万 t，其中工业源 18.57 万 t，农业源 20.40 万 t，生活源 38.92 万 t，所占比重分别为 23.61%、25.65% 和 49.80%。

2000—2010 年，全省化学需氧量排放总量、工业和生活的化学需氧量排放量总体均呈下降趋势，相应的排放强度也呈下降趋势（图 2-12）。

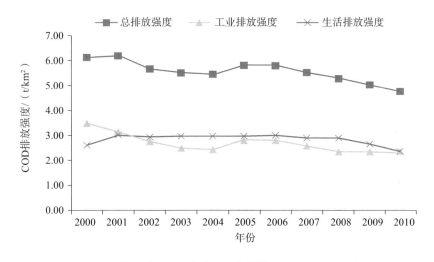

图 2-12　浙江省 COD 排放强度变化情况（2000—2010 年）

2012 年全省氨氮排放量共计 11.23 万 t，其中工业源 1.21 万 t、农业源 2.70 万 t、生活源 7.25 万 t，所占比重分别为 10.83%、24.04%、64.60%。2001—2010 年，全省氨氮排放强度以及工业氨氮排放强度呈明显的逐年下降趋势（图 2-13）。

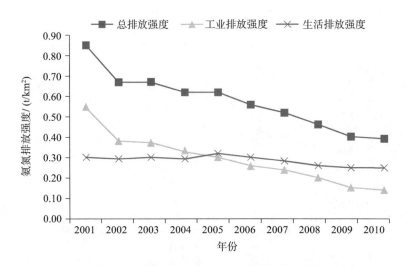

图 2-13　浙江省氨氮排放强度变化情况（2001—2010 年）

2012 年全省废气排放量共计 24 098 亿 m³，其中工业源 23 967 亿 m³，所占比重达 99.46%。2012 年全省二氧化硫排放量共计 62.58 万 t，其中工业源 61.09 万 t，生活源 1.47 万 t，所占比重分别为 97.62% 和 2.35%。

2000—2010 年，工业二氧化硫排放强度和排放总量先升后降，自 2005 年起逐年下降；生活二氧化硫排放强度总体呈下降趋势。

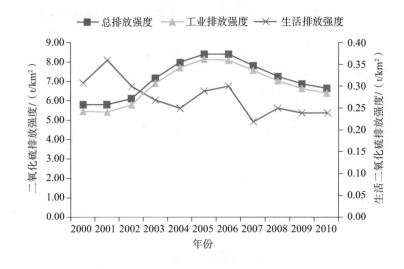

图 2-14　浙江省二氧化硫排放强度变化情况（2000—2010 年）

2012 年全省氮氧化物排放量共计 80.88 万 t，其中工业源 63.50 万 t、生活源 0.33 万 t、机动车 17.04 万 t，所占比重分别为 78.51%、0.41% 和 21.07%。

2006—2010 年，浙江省氮氧化物排放强度总体呈上升态势。与 2006 年相比，

2010 年氮氧化物排放强度上升了 21.6%（图 2-15），其中工业氮氧化物排放强度上升趋势明显，生活氮氧化物除 2007 年下降较明显之外，其余各年保持稳定。

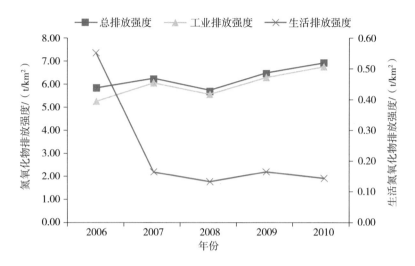

图 2-15　浙江省氮氧化物排放强度变化情况（2006—2010 年）

2.5.4　农业活动强度

2000—2012 年，浙江省全省化肥施用强度（FUI）总体呈波动上升趋势。2005 年单位面积化肥施用量达到最高（9 260kg/km²），自 2005 年起化肥施用强度总体呈现减轻趋势（图 2-16）。

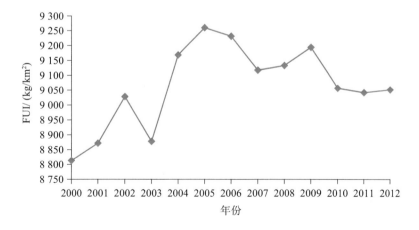

图 2-16　浙江省化肥施用强度变化情况（2000—2012 年）

2000—2010 年，化肥施用均以氮肥施用量最多，其次是复合肥和磷肥，钾肥施用量最少。10 年来，磷肥和钾肥所占比重较为稳定，分别保持在 13% 和 8% 左右；

氮肥所占比重逐年下降，由 2000 年的 66.50％下降到 2010 年的 56.94％；复合肥比重逐年上升，由 2000 年的 13.44％上升到 2010 年的 22.30％（图 2-17）。

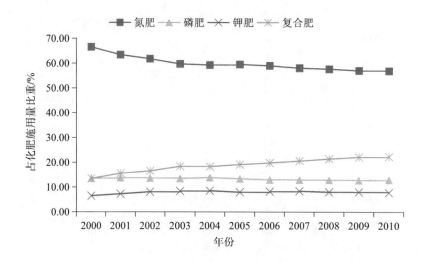

图 2-17　浙江省化肥施用结构变化图（2000—2010 年）

2000—2012 年，浙江省农药施用强度（PUI）呈现波动变化。2001 年和 2003 年分别为 PUI 最高和最低的年份，PUI 范围为 606～651kg/km^2；自 2006 年起，浙江省 PUI 总体呈现下降趋势。2012 年浙江省农药施用强度为 618kg/km^2（图 2-18）。

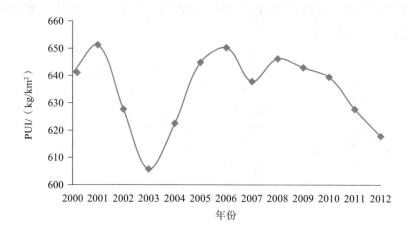

图 2-18　浙江省农药施用强度变化图（2000—2012 年）

2000—2010 年，浙江省农用塑料薄膜施用强度（APUI）逐年上升。截至 2010 年，全省农用塑料薄膜施用强度达到 544kg/km^2，较 2000 年和 2005 年分别增长了 75.1％和 23.9％（图 2-19）。

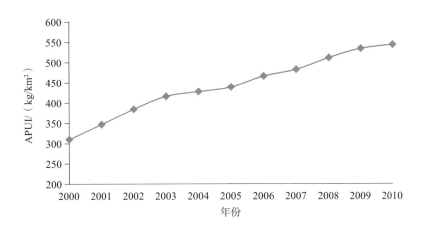

图 2−19 浙江省农用塑料薄膜施用强度变化情况（2000—2010 年）

2.5.5 综合评估

浙江省胁迫综合评估和空间分析考虑了以下 11 个指标：人口密度、非农业人口密度、GDP 密度、第一产业增加值密度、第二产业增加值密度、第三产业增加值密度、城镇建设用地指数、道路交通网络密度、化肥施用强度、化学需氧量排放强度和二氧化硫排放强度。

主成分分析结果显示，2000 年和 2005 年，主要影响因子依次是 GDP 密度、第二产业增加值密度、化肥施用强度和 COD 排放强度，说明工业发展、农业生产和环境污染负荷对胁迫压力的贡献大；2010 年，主要影响因子依次为 COD 排放强度、非农人口密度和第三产业 GDP 密度，说明环境污染负荷对人为活动胁迫压力的贡献进一步加大，人口城市化所带来的胁迫压力增大。

2000—2010 年，浙江省生态胁迫综合指数总体呈增加态势。生态胁迫综合指数分布呈现浙东北和浙东沿海地区较高、浙西南和浙西地区较低的分布特征，在空间分布上具有明显的全局聚类和局部空间关联性（图 2−20、图 2−21）。

全省共形成两个高值聚集区和一个低值聚集区。高值聚集区为浙北的嘉兴市—杭州市区—绍兴市区片区，以及浙东沿海的台州市区及其周边地区，低值聚集区为浙南的云和县及其周边地区。

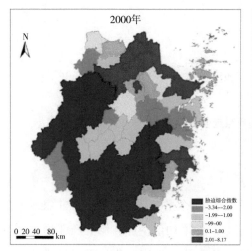
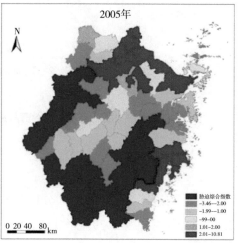
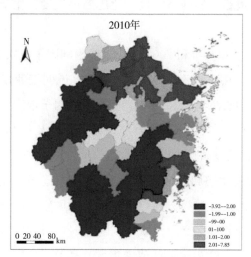

图 2-20　浙江省胁迫综合指数分布图（2000 年、2005 年、2010 年）

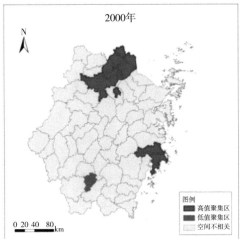

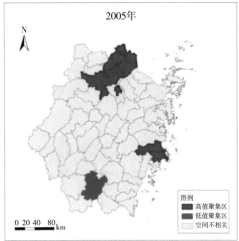

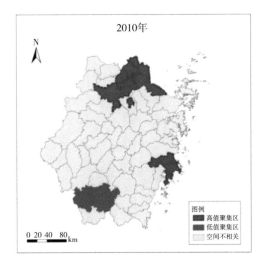

图 2－21 浙江省人为活动胁迫局部空间关联分析图

2000—2010 年，胁迫指数增长主要集中在浙北地区、浙中地区和浙东沿海地区；由于 2005—2010 年环境污染整治力度的加大和生态保护措施的推行，胁迫指数增长较 2000—2005 年有所放缓（图 2 - 22）。

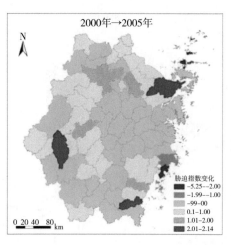
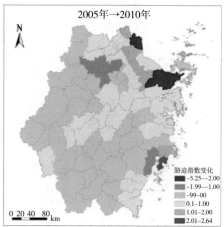

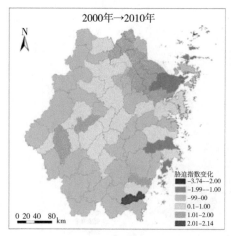

图 2 - 22　浙江省人为活动胁迫指数变化分布图

第3章 区划目标定位及框架体系

3.1 区划目标

区划的目标就是区划编制实施后要达到的最终目的。环境功能区划编制实施的最终目的，就是尊重自然规律，通过控制经济社会活动的环境影响，在生态环境可承载的范围之内，维持或改善形成有利于人类社会可持续发展的自然生态环境条件。

环境功能区划的目标： 按照生态环境资源的空间差异性进行环境功能区分区，划定生态保护红线，实施分区差别化环境管理政策，约束和引导区域开发布局，控制和改善建设开发活动的环境行为，确保国土开发布局与生态安全格局相协调，把生态环境资源（环境容量）的利用强度控制在生态环境承载力范围之内，为子孙后代留足高质量的山、水、林、田、湖等生态空间，优美的生态景观资源和健康安全的环境质量，实现区域环境资源的永续利用和经济社会的可持续发展。

具体体现在以下三个方面：

——**维护生态安全格局。** 划定生态保护红线，保育生态功能，确保重要生态功能区得到保护，增强生态系统稳定性，恢复重要区域生态功能，改善生态环境，构建形成支撑经济社会可持续发展的生态安全屏障体系和优美的生态景观格局。

——**维护人居环境健康。** 通过明确分区水、气、土壤等环境要素的防控重点和产业环境准入条件，引导人口分布和城镇、产业布局与区域环境功能要求相适应，防治居民生活和生产带来的环境污染，确保环境安全和人群健康。

——**保障农产品环境安全。** 以主要农产品产地等为主体，建立土壤环境保护优先区，建立严格的土壤环境保护制度，防止不合理的工业开发布局对区域农产品产地的污染影响，稳定和改善农产品产地环境质量，为安全农产品生产提供优良的环境条件。

3.2 区划定位与作用

3.2.1 区划定位

环境功能区划是国土空间规划体系的重要组成部分，其定位包括总体定位、在国土空间规划体系中的定位和在环境保护制度体系中的定位等几个方面。

（1）总体定位

环境功能区划是生态环境资源开发利用的基础性和约束性空间管制区划。环境功能区划是基于生态环境承载能力和生态环境功能的空间差异性，对生态环境空间进行功能分区，明确各分区的主导环境功能和环境目标，并设定了相应的管控要求，对区域实施分区分类管控，使区域各功能区内的建设开发活动对生态环境资源的利用强度控制在生态环境可承受的范围内，确保区域及各功能区的生态安全和环境健康。其基础性在于客观的自然规律和生态环境资源是人类生存和发展的基本条件。所有其他生态环境资源开发利用的管制制度（如分区差别化的考核政策、分区污染物总量控制政策、环境影响评价制度、污染防治规划等）的建立需要以此为基本依据。其约束性在于环境承载力的有限性，任何区域的建设开发活动利用生态环境资源的强度必须控制在生态环境可承受的范围内，才能保障区域的生态安全和环境健康，实现可持续发展，而控制强度的基础约束条件就是功能区的环境目标。各级政府应充分发挥环境功能区划在区域生态环境空间管控方面的基础性和约束性作用，把实施环境功能区划作为履行政府环境保护等法定职责的重要手段，决策区域开发建设活动的重要依据和开展分区差别化管理的重要平台。

（2）在国土空间规划体系中的定位

环境功能区划是推动形成可持续发展的主体功能区战略的根本依据，是其他国土开发利用规划制订的前提和基础。《全国环境功能区划纲要》明确提出，编制实施环境功能区划，是落实主体功能区战略、加强生态环境保护的具体实践。环境功能区划从生态环保的角度对国土空间实行分区差别化管理，是优化国土空间开发格局、从源头预防控制环境污染和生态破坏的重要手段，是实现生态环境可持续的重要保障。主体功能区规划是大尺度、粗线条的规划，到省级为止，对区域开发和保护的布局主要体现在战略性和导向性上。而环境功能区划到市县一级，落实到具体的环境管理的操作层面，对具体的建设开发活动实施分区准入清单管理，具有很强的可操作性，能将主体功能区的保护战略落实到环境功能区划实际操作中。而环境功能区划一经确定，反过来对主体功能区规划的实施提供了优化空间开发格局的具体手段，同时，在生态环境保护方面，环境功能区划是主体功能区规划确定区域开发布局的根本前提。在当前浙江省大力推进生态文明和美丽浙江建设、实施保护优先战略的大势下，环境功能区划作为生态环境资源开发利用的基础性、约束性空间管制区划，作为一项保护性区划，体现了生态保护红线要求，经济、建设、国土、农业、林业、水利等部门与生态环境资源开发利用有关的区划、规划的编制和实施，必须将环境功能区划作为前置条件，其他区划和规划中涉及自然资源利用和生态环境保护的内容，必须与环境功能区划相衔接。在生态环境敏感性和生态服务功能重要性较低的地区，在确保环境功能达标的情况下，可合理地考虑其他开发类规划需求。（我们对于生态环境资源的利用不是不足，而是已经过度利用，因此各类环境功能区的目标要求必须成为强约束。）

（3）在环境保护制度体系中的定位

环境功能区划是环境管理走向源头控制、精细化管理的一项基础性环境制度。环境功能的空间差异性，必然要求针对不同的区域实施差别化的环境管理政策，如污染物总量控制、环境影响评价、生态补偿、政绩考核、环境标准等，而制定实施这些分区差别化的环境管理政策的基础就是环境功能区划。实现分区差别化管理，才能确保完成环境管理从粗放向精细化转变。环境问题是由于区域开发造成的环境影响超出了功能区可承受的范围而引发的，要保障环境功能达标，必须首先从空间布局这一源头上，对建设开发活动的环境准入提出具体的约束性要求，确保对功能区的生态环境资源利用强度控制在合理范围内。环境功能区划明确了分区主导功能和环境目标，强化了分区环境目标和负面清单约束，是实现对开发布局进行源头控制的基础手段。此外，环境功能区划也为制订环境保护规划以及开展污染治理和生态环境保护提供了重要依据。

3.2.2　区划的作用

环境功能区划的作用主要体现在落实生态引领和保护优先的理念、确保经济社会发展与环境相协调、提高环境精细化管理水平和管理效率三个方面。

（1）落实生态引领、保护优先的理念

在环境污染和生态破坏已经严重影响浙江省生存发展的当下，区划秉承保护优先的理念，明确了区域功能定位和生态环境质量的底线，划定并严守生态保护红线，强化分区管控，着力维护生态安全格局、人居环境健康、农产品环境安全，为浙江省经济社会的永续发展提供了最基本保障。

（2）确保经济社会发展与环境相协调

区划以区域生态环境承载力为基础，设定区划环境目标和建设开发活动环境准入条件，可以让区域开发决策者更清醒地认识本区域环境资源的优、劣势，在环境功能区划实施与经济社会发展的双向互动中扬长避短，从生态环保角度约束与引导区域开发强度，优化区域国土空间开发格局，不断增强生态自觉，从而引领各地走一条产业各具特色、资源环境优势得到充分发挥的绿色发展新路，保证经济社会发展与区域环境资源承载能力相适应。

（3）提高环境精细化管理水平和管理效率

按照"可指导、可操作、可落地"的要求，市、县级环境功能区划要全面整合区域的水、气、噪声等要素功能，最终形成一个区划一张图。"可指导"，就是要明确区域主导环境功能和保护目标，对城乡建设和生产力布局发挥导向作用；"可操作"，就是使人一看就明白，管理操作方便；"可落地"，就是每一块功能分区都要有明确具体的地理界限、面积和经纬度。这样，把各类环保条件和要求更加直观综合地反映在一张图中，能使建设单位和环保审批部门都比较方便地操作与执行。建设单位对该禁止的事前禁止，环保部门对该否决的立即否决，符合条件的尽快审批，从而可以减少不必要的前期环节，大大提高重大项目审批效率。

3.3　框架体系

3.3.1　区划分级

《全国环境功能区划纲要》，根据我国行政管理的实际将环境功能区划分为国家、省、市、县四级。考虑到浙江省省管县和县级政府管理权限扩大的现实，我们将设区市级环境功能区划编制范围限定为市区，县级环境功能区划与设区市级环境功能区划作为同一层次的区划，减少区划的层级，提高区划的编制和实施效率。因此，对于浙江省来说，环境功能区划分为国家、省和市县三级，自上而下、逐级落实分区管理、分级管控的政策措施。

国家级环境功能区划。是国家层面大尺度的区划，以宏观指导为主，重点解决对全国或跨省域生态安全格局有重要影响和需要在国家层面统筹协调的重大生态环境问题，明确国家生态保护红线范围，明确分区差别化的环境管控目标和总体要求。

省级环境功能区划。既要落实国家要求，又要指导和约束市县环境功能区划编制和实施，是一项中观层面、具有承上启下作用、以宏观指导为主、兼具可操作性的区划，是省级重大开发决策的基本依据。它在国家主导环境功能定位约束下，从省级整体层面进一步深化全省环境功能分区，明确省域环境功能分区总体布局，划定省级生态保护红线范围，重点解决对全省生态安全格局有重要影响和需要、在省级层面统筹协调的重大生态环境问题，落实国家分区管控要求，强化宏观政策的约束和引导，以全省大区域、流域为尺度优化生态环境空间格局，一般不作为地方项目具体落地的依据。与国家环境功能区划相比，各类环境功能区范围更加明确、管控措施更加具体、更具有导向性和约束性。

市县级环境功能区划。是落实省级环境功能区划、具体操作层面的区划，是生态环境空间管制的约束性规划，为建设项目落地和区域开发提供可指导、可操作、可落地的生态环境空间管制基本依据。在省级功能区划定位的约束下，针对各环境功能区经济社会发展趋势、自然生态条件和主要环境问题，充分衔接主体功能区规划、经济社会发展规划、土地利用规划、城镇体系规划等相关规划，进一步深化本地区环境功能分区，划定本地区的生态保护红线，确定环境功能区边界。落实省级分区管控要求，整合辖区水、气、噪声等要素环境功能区划，明确各环境功能区的生态环境保护目标、污染控制要求、环境准入条件，细化分区差别化管控措施，明确分区管控的负面清单。其特点是各类功能区分区界限和环境功能目标更加明确，管控措施更加具体和可操作，每一个功能区都有负面清单。市县环境功能区划编制完成实施后将代替现有的市县生态环境功能区规划，设区市区划范围为市区（含所辖区）。

3.3.2 环境功能区分类

为使功能区名称表达更加简洁、清晰、直观、便于理解与应用，使分类体系与管理需求结合得更加紧密，根据浙江省生态环境空间管制实际需求，对国家环境功能区分类体系和名称进行了适当完善。将国家区划中的"自然生态保留区、生态功能保育区、食物环境安全保障区"名称相应调整为"自然生态红线区（与新环保法中的生态保护红线衔接）、生态功能保障区、农产品环境保障区"。针对以前城镇区域开发布局无序造成大量的厂居矛盾，为加强对工业项目按照污染程度实施分类准入管控，我们将国家区划中的"聚居环境维护区"分为"人居环境保障区、环境优化准入区和环境重点准入区"3 类功能区，也是为便于进行分区准入管控（包括负面清单的建立）而设置。

浙江省没有大规模集中连片的能源和矿产资源开发区域，因此不设国家区划分类体系中的资源开发环境引导区。浙江省的一些具有一定规模的矿产资源开发区块，在市县环境功能区划分中，可考虑划入环境优化准入区或环境重点准入区。在生态功能保障区允许点状的矿产资源开发，但要强化生态保护和污染防治，要符合用地要求。

完善之后，浙江省的环境功能区主要分为自然生态红线区、生态功能保障区、农产品环境保障区、人居环境保障区、环境优化准入区、环境重点准入区等6大类。

各功能区名称强调的是主导功能，不排斥其他非主导功能的发挥，如生态功能保障区，也有农村居民点的人居环境保障的功能，还有一些分散的耕地、园地等农产品生产环境保障的功能，而其更突出的是生态功能保障的主导功能。

自然生态红线区（自然生态保留区）[①]：指维持区域自然生态本底状态、维护珍稀物种的自然繁衍、保障未来可持续生存发展空间的区域。服务于维持区域自然本底状态，保障未来的可持续发展。主要为法律法规确定的保护区域，如自然保护区、风景名胜区、森林公园、地质公园等，及生态环境极敏感和生态功能极重要的区域。

生态功能保障区（生态功能保育区）：指维持水源涵养、水土保持、生物多样性等生态调节功能稳定发挥，保障区域生态安全的区域，服务于保障区域主体生态功能稳定。主要划分为水源涵养区、水土保持区和生物多样性保护区等三类。

农产品环境保障区（食物环境安全保障区）：指保障主要农、牧、渔业产品产地环境安全的区域，服务于保障主要农产品产区的环境安全，防控农产品对人群健康的风险。主要划分粮食及优势农作物和水产品环境保障区两类。

人居环境保障区（聚居环境维护区）：指以居住、商贸为主的、城镇化发展较快及城镇总体规划中以居住、商贸、文教科研为主的区域。维持健康、安全、舒适、优美的人居环境，保障人群健康。

环境优化准入区（聚居环境维护区）：指以工业开发为主，区域开发较为成熟、环境质量较差、环境承载力趋于饱和、生态环境问题相对严重、持续发展受到威胁、迫切需要产业转型升级、开展生态环境治理的地区。维护和保障健康安全的工业生产和人居环境，防范工业生产环境风险。

环境重点准入区（聚居环境维护区）：指区位优势明显，生态环境敏感性和生态功能重要性不强，生态环境尚未遭到严重破坏，具有一定的环境承载力，适合工业开发的区域，原则上要具体到开发区、工业功能区。维护和保障健康安全的工业生产环境，防范工业生产环境风险。

自然生态红线区和生态功能保障区，构成全省生态安全战略格局，为国民经济

---

① 括号内为国家环境功能区划分类体系的名称，以下同。

的健康持续发展提供基本生态安全保障；农产品环境保障区、人居环境保障区、环境优化准入区和环境重点准入区，是承载浙江省主要人口分布和经济社会活动的区域，重点保障区域人居环境健康和农产品产地环境安全。

浙江省和国家环境功能区分类体系的衔接关系见表3－1。表中的"准入"主要指对各功能分区内环境功能目标实现有较大影响的建设开发活动实行相应的准入管理政策，重点是工业开发项目的准入管理。

表3－1 浙江省环境功能区和国家环境功能区分类及名称对应关系

国家环境功能区类型	相对应的浙江省环境功能区名称	衔接浙江省生态环境功能区规划
自然生态保留区	自然生态红线区	禁止准入区
生态功能保育区	生态功能保障区	限制准入区
食物环境安全保障区	农产品环境保障区	
聚居环境维护区	人居环境保障区	
	环境优化准入区	优化准入区
	环境重点准入区（原则上要具体到开发区、工业功能区）	重点准入区
资源开发环境引导区	根据情况纳入环境优化准入区，或环境重点准入区	—

第4章　环境功能评价

生态系统服务功能的维持与保育是人类生存的基础，是实现可持续发展的前提。生态系统服务功能类型有 17 大类，其中比较重要的有水源涵养、生物多样性维持、洪水调蓄、生态系统产品提供等功能。生态系统具有一定的稳定性和自我维持平衡能力，但是在受到高强度干扰的情况下，生态系统结构和功能发生变化，甚至发生不可逆的演变。因此，分析生态系统服务功能、生态敏感区和生态脆弱区的空间分布格局，明确需要优先和重点保护的区域，对于保障浙江省自然生态安全具有重要意义。同时，根据浙江省经济社会发展和资源环境禀赋特征，对支撑全省城市化工业化发展的区域进行评价，为高效配置环境、资源、产业要素，进一步优化全省生产生活空间格局提供数据支持。

4.1 环境功能评价指标体系

依据《环境功能区划编制技术指南（试行）》，建立了符合浙江省的环境功能评价。结合浙江省生态环境特点，采用定量分析和空间叠加分析的方法，综合评价区域环境功能。环境功能综合评价指数由两个一级综合指标计算得出，计算方法如下：

$$A = P_2 - P_1 \tag{4-1}$$

式中：A——环境功能综合评价指数；

P_2——维护人群环境健康类指数；

P_1——保障自然生态安全类指数。

环境功能综合评价指数越高的地区，环境功能越偏向于维护人群环境健康，反之则偏向保障自然生态安全。

表 4-1　环境功能综合评价指标体系

一级指标	二级指标
保障自然生态安全（P_1）	生态系统敏感性
	生态系统重要性

一级指标	二级指标
维护人群环境健康（P_2）	人口集聚度
	经济发展水平

另外，由于浙江省的空间开发格局已经形成，关键在于优化产业结构和布局，降低污染排放，减轻生态环境压力，所以在省级区划分区环境综合评价中，只考虑了保障自然生态安全指数（P_1）和维护人群环境健康指数（P_2），而没有考虑《环境功能区划编制技术指南（试行）》提到的区域环境支撑能力指数（K）。但我们也进行了区域环境支撑能力评价，区域环境支撑能力指数是制定区域（重点是人居环境保障区、环境优化准入区和环境重点准入区）环境管控措施的重要依据之一。

4.2　保障自然生态安全评价

自然生态安全评价是用来衡量区域自然系统的安全和生态调节功能能否稳定发挥的指标，按照《环境功能区划编制技术指南（试行）》，选取了生态系统敏感性指数和生态系统重要性指数来描述。生态系统敏感性指数是指生态系统对区域中各种自然和人类活动干扰的敏感程度，它反映的是区域生态系统在受到干扰时，发生生态环境问题的难易程度和可能性的大小。生态系统重要性指数是指区域各类生态系统的生态服务功能及其对区域可持续发展的作用与重要性。

保障自然生态安全指数（P_1）计算方法如下：

$$P_1 = \max\{[生态系统敏感性指数], [生态系统重要性指数]\} \qquad (4-2)$$

生态系统敏感性：指标选取方面，按照《环境功能区划编制技术指南（试行）》，针对浙江省实际，省级区划的评价的内容中仅选取了土壤侵蚀敏感性指数，而删除了不符合浙江省实际的一些指标，包括沙漠化敏感性指数、石漠化敏感性指数以及土壤盐渍化敏感性指数。浙江省通过土壤侵蚀敏感性进行评价，识别易形成土壤侵蚀的区域，评价土壤侵蚀对人类活动的敏感程度，共分为 5 个等级：不敏感、轻度敏感、中度敏感、高度敏感和极敏感。浙江省生态系统极敏感地区主要分布于浙西、浙南高山区，高度敏感区域主要分布在中山及丘陵地带。生态环境敏感性极高的区域主要分布在开化、江山、常山南部和庆元、景宁、龙泉、文成、青田等县（市）的部分地区；高敏感区主要分布在临安、淳安、建德、东阳、义乌、永康、泰顺及丽水市的大部分县（市、区）以及浙东的部分丘陵地区。具体见图4-1。

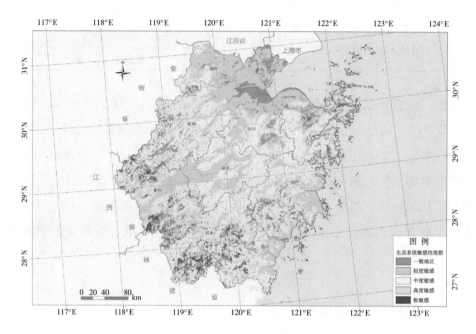

图4-1　生态系统敏感性评价结果图

生态系统重要性：指标选取方面，按照《环境功能区划编制技术指南（试行）》，针对浙江省实际，省级区划评价的内容中选取了水源涵养重要性、土壤保持重要性和生物多样性维护重要性指数，而删除了不符合浙江省的指标——防风固沙重要性。浙江省通过生态系统重要性评价，将重要性程度分为极重要、中等重要、比较重要和一般4个等级。从浙江省生态系统服务功能的空间分布状况来看，多种生态服务功能往往集聚分布在某一区域，其内在联系紧密。生态系统极重要地区主要分布于浙西、浙西南和浙东沿海，其中浙西、浙西南区域的主要生态功能为水源涵养、水土保持及生物多样性维持，为多种功能聚集的区域，是浙江省绿色屏障；浙东沿海滩涂及近岸海域为维持生物多样性、提供水产品的重要区域，是浙江省的蓝色屏障。具体见图4-2～图4-5。

将生态系统敏感性指数与生态服务功能重要性指数进行综合评价，得到保障自然生态安全指数。全省保障自然安全指数高的区域主要分布在浙西、浙西南、浙东近岸海域等区域，是生态系统服务功能集聚、保障浙江省生态安全的区域。主要包括龙泉市、遂昌县、庆元县、景宁县、泰顺县、青田县、缙云县、临安市和桐庐县等。具体见图4-6。

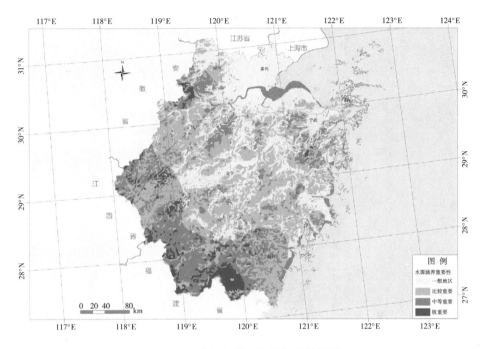

图 4-2　水源涵养重要性评价结果图

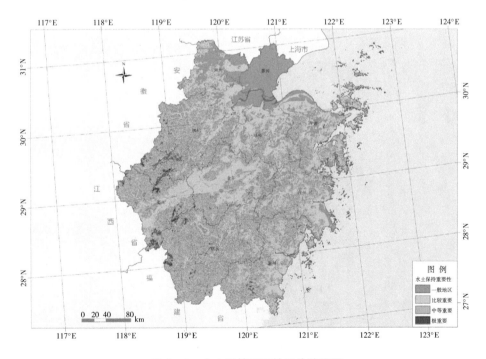

图 4-3　水土保持重要性评价结果图

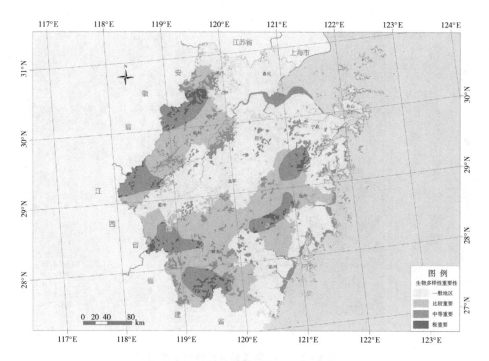

图4-4　生物多样性重要性评价结果图

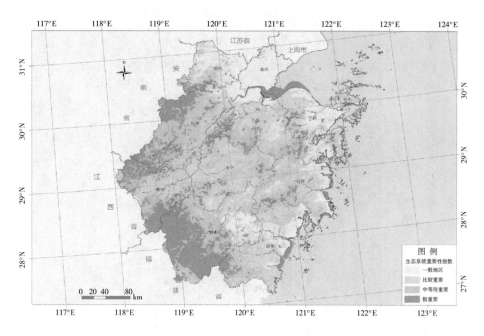

图4-5　生态系统重要性评价结果图

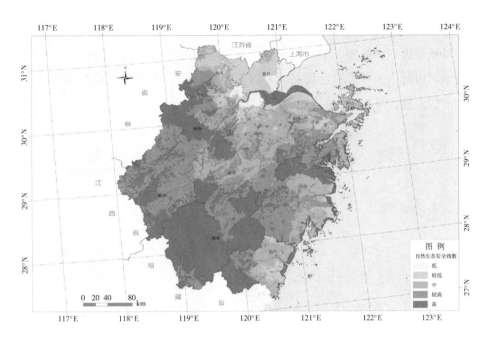

图 4 - 6　自然生态安全指数评价结果图

4.3　人群健康维护评价

　　人群健康维护评价是指区域对维护人群环境健康方面环境功能的需求程度，浙江省在人群健康维护评价方面按照《环境功能区划编制技术指南（试行）》，选取了人口集聚度和经济发展水平等指标来进行评价。人口集聚度是指一个地区现有人口集聚程度。经济发展水平是指一个地区经济发展现状和增长活力。维护人群环境健康重要性指数（P_2）计算方法如下：

$$P_2 = \sqrt{\frac{1}{2}\left(\left[\text{人口集聚度}\right]^2 + \left[\text{经济发展水平}\right]^2\right)} \qquad (4-3)$$

　　为了能更好地体现人群集聚的分布状况，浙江省区划中的人口集聚度主要选取人口密度和人口流动强度进行评价。在市县区划中，人口集聚度评价可以重点考虑人口密度，并结合数据的可获取性，选择人口流动强度。而在经济发展水平评价内容方面，选取了《环境功能区划编制技术指南（试行）》规定的人均地区GDP，删掉了地区GDP的增长比率（不同地区、不同GDP的基数、在不同时间其GDP的增长比例是不一样的），结合实际，选取了另一个评价指标——经济密度。

　　人口集聚度指数是指区域内现有人口集聚程度，通过人口密度和人口流动强度进行评价。按照评价单元由高值区向低值区分为 5 个等级：极高、高、中、较低和低。人口集聚度在以杭州、宁波、台州、温州为中心的都市圈和以金华、义乌为中心的浙中城市群，人口聚集度极高的地区分布在杭州、宁波、嘉兴、金华、台州和温州市市区。具体见图 4－7。

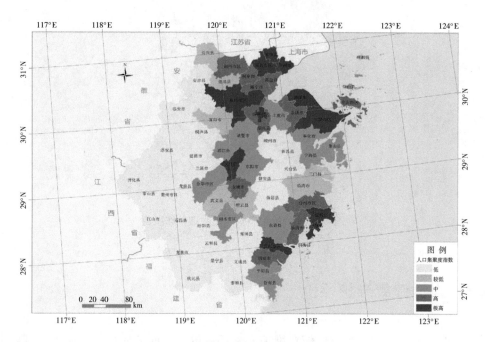

图 4－7　人口集聚度指数评价结果图

　　经济发展水平指数是指区域经济发展现状和增长活力，通过人均 GDP 和经济密度（单位国土面积 GDP）来衡量。按照评价单元由高值区向低值区分为 5 个等级：极高、高、中、较低和低。相对而言，杭嘉湖平原地区、浙中城市群及宁波、舟山地区经济发展增速较快，增长活力明显。具体见图 4－8～图 4－10。

　　通过上述公式对区域维护人群健康重要性进行评价，评价结果按照高值区向低值区自然频率分为 5 个等级：极高、高、中、较低和低。其中极高等级的地区主要分布在宁波市区，高等级地区主要分布在杭州市区、义乌市、舟山市区、嘉善县、海宁市、绍兴市区和玉环县。具体见图 4－11。

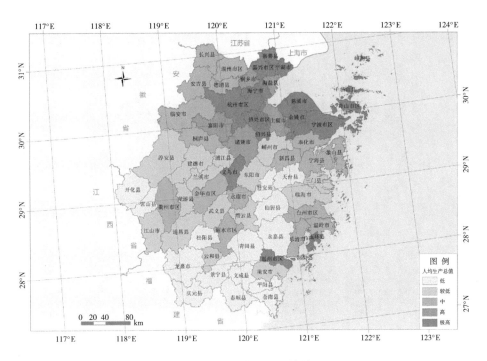

图 4－8　人均生产总值评价结果图

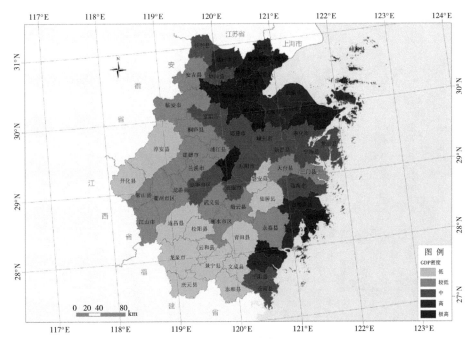

图 4－9　GDP 密度评价结果图

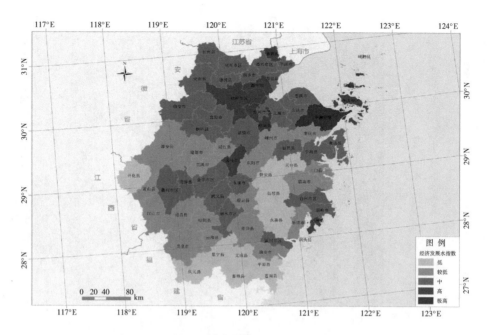

图 4-10　经济发展水平指数评价结果图

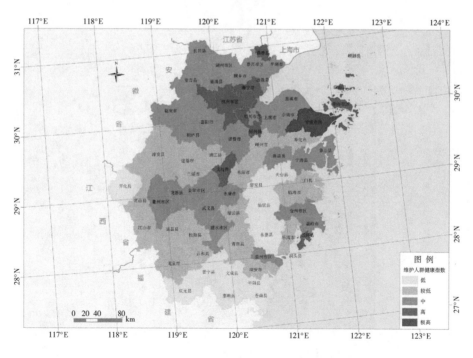

图 4-11　维护人群健康指数评价结果图

4.4 区域环境支撑能力评价

在区域环境支撑力评价方面，省级区划按照《环境功能区划编制技术指南（试行）》，选取了环境质量指数和区域污染排放指数来描述在维护人群环境健康方面环境功能的供给程度。

在评价的内容中，省级区划中删去了不符合浙江省实际的一些指标，包括可利用土地资源指数、可利用水资源指数及环境容量指数，主要原因是在浙江省可利用土地资源指数高的地方大部分集中在山区或者自然环境较好的需保护的区域，不适于土地利用开发；可利用水资源指数及环境容量指数高的区域主要集中在上游地区，这些区域生态环境敏感和生态功能重要性高，并不适于高强度开发。因此，这三个指标的评价结果不符合浙江省未来开发布局实际，不宜作为环境分区的参考。市县级区划中，在环境质量评价的指标选取上也作了调整，主要选取了大气环境质量、地表水环境质量、土壤环境质量等指标。

区域环境支撑能力指数（K）计算方法如下：

$$K = f\left(\left(\frac{[环境质量]}{[污染物排放]}\right)^{\frac{\min([可利用土地资源],[可利用水资源],[环境质量])}{\max([污染排放],[环境容量])}}\right)$$

$$(4-4)$$

环境质量指数指在区域环境中环境总体或某些环境要素对人群健康、生存和社会经济发展适宜程度，通过对大气、地表水环境质量进行评价。按照环境质量达标程度分为5个等级：优、良、一般轻度污染、中度污染和重度污染。环境质量指数为优的区域分布于浙西和浙西南地区，主要是开化县、淳安县和丽水市的遂昌县、龙泉市、庆元县、景宁县、云和县、松阳县和丽水市区；环境质量指数低、环境质量差的地区主要是设区市区，应加强对这些地区的环境治理，最大限度地改善当地环境。具体见图4-12。

污染物排放指数指区域内污染物排放情况，通过大气污染物排放强度和水污染物排放强度进行评价。污染物排放极高的区域主要分布于平湖市和玉环县，污染物排放高的区域主要分布在嘉兴、杭州、宁波、台州、绍兴、温州等市的市区，这类地区应纳入减排计划中，大力削减污染物排放量。具体见图4-13～图4-17。

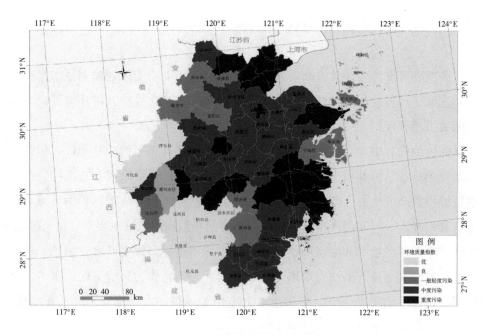

图 4-12　环境质量指数评价结果图

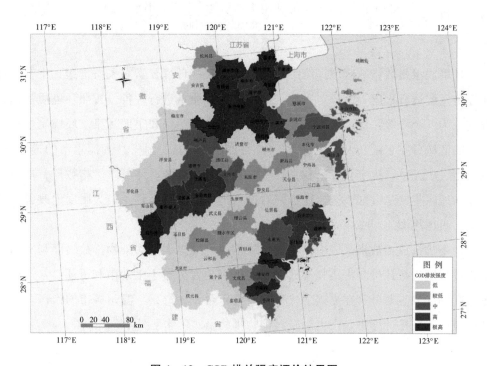

图 4-13　COD 排放强度评价结果图

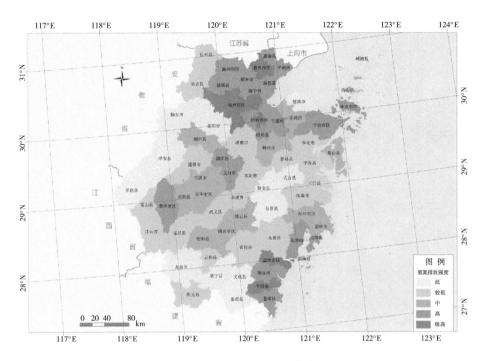

图 4-14 氨氮排放强度评价结果图

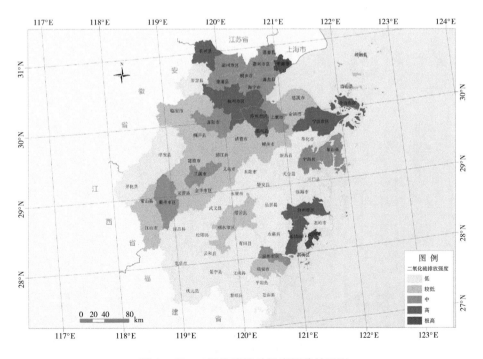

图 4-15 二氧化硫排放强度评价结果图

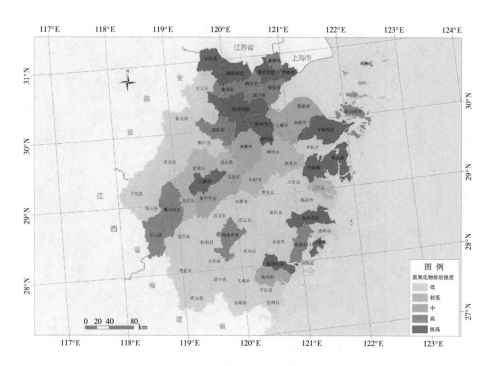

图 4-16 氮氧化物排放强度评价结果图

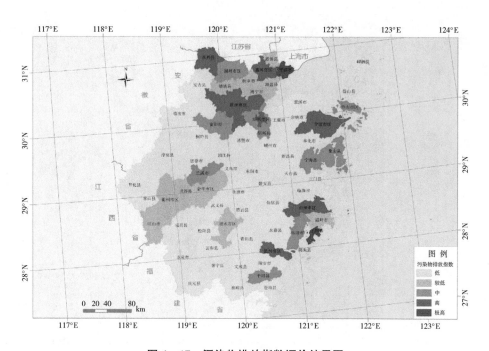

图 4-17 污染物排放指数评价结果图

区域环境支撑能力指数 K 值越小，说明区域环境可支撑能力越小，越需要限制污染行业的发展，加强环境污染的治理。通过上述公式对区域支撑能力进行评价，评价结果高值区向低值区自然频率分为 5 个等级：高、较高、中、较低和低。

通过上述公式对区域支撑能力进行评价，评价结果高值区向低值区自然频率分为 5 个等级：高、较高、中、较低和低，其中等级为高和较高的地区主要分布在岱山、丽水市区、嵊泗。

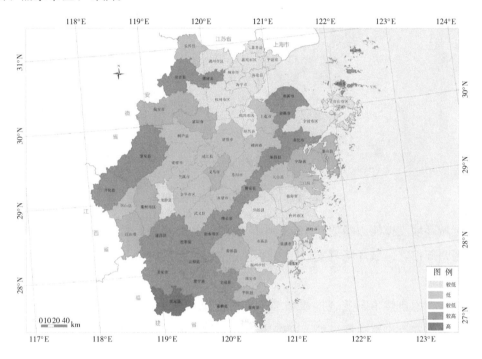

图 4-18 区域环境支撑能力综合评价结果图

4.5 综合评价

综合考虑自然生态安全指数和维护人群健康指数，结合浙江省自然生态特征，将自然生态安全指数高且维护人群健康指数低的区域，列为以维护自然生态安全为主的区域。

环境功能综合评价结果反映了自然生态保护与区域城市化发展的空间格局导向。环境功能综合指数较高的地区分布在杭嘉湖平原、宁绍平原及浙东沿海平原地区，是未来人口集聚、经济结构和产业升级的重点地区。环境功能指数较低的区域多分布于浙西南、浙南以及浙中部分区域，是生态系统服务功能集聚、保障浙江省生态安全的区域。具体见图 4-19。

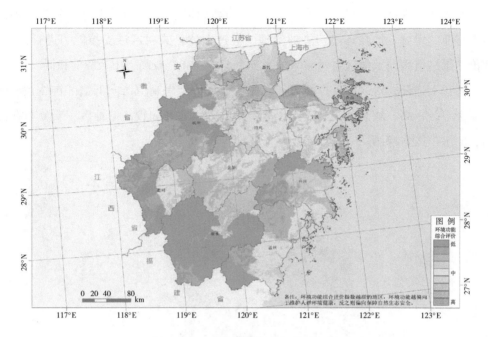

图 4 - 19　环境功能综合评价结果图

区域环境支撑能力指数（K）越小的地区，例如嘉兴、杭州、宁波、台州、绍兴、温州等市，区域环境可支撑能力越小，越需要限制污染行业的发展，加强环境污染的治理。

综合考虑自然生态安全指数和维护人群健康指数，结合浙江省自然生态特征，将自然生态安全指数高且维护人群健康指数低的区域，列为以维护自然生态安全为主的区域，不再评价区域环境支撑能力指数。

第5章 环境功能区分区方案

5.1 环境功能区识别与划分条件

5.1.1 环境功能区识别

采用主导因素法对环境功能区进行识别。根据环境功能综合评价，评价出每个评价单元环境功能综合评价值，分值越高的地区环境功能越偏向于维护人居环境健康，反之则偏向于保障自然生态安全。

综合考虑对评价单元具有重要影响的主导因子以及相关的政策、规划等，通过选取不同类型环境功能区的主导因子，划分为自然生态红线区、生态功能保障区、农产品环境保障区、人居环境保障区、环境优化准入区和环境重点准入区6类环境功能区。其中考虑的相关区划（规划）主要包括主体功能区规划、城镇体系规划、城市（县域）总体规划、土地利用总体规划、要素环境功能区划（生态功能区划、水环境功能区划等）、生态保护红线相关技术指南等。

划分各功能区的主导因子见表5-1。

表5-1 各环境功能区的主导因子

环境功能区	主导因子
自然生态红线区	生态环境极敏感和生态服务功能极重要
	人口密度极低，人口流动性极差
	经济总量小，经济活力低
生态功能保障区	具有较高的水源涵养、水土保持、生物多样性保护及其他生态系统服务功能
	存在土壤侵蚀等风险
	生态系统的完整性、稳定性
农产品环境保障区	主要粮食及农作物产地、食用农产品种植地、集中连片耕地
	主要河湖水产养殖基地

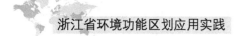

环境功能区类型	主导因子
人居环境保障区	人口聚居规模较大，城镇化水平高
	以居住、商贸、文教科研为主
环境优化准入区	区域开发较为成熟、产业聚集度高，经济总量大
	环境质量较差、环境承载力趋于饱和、生态环境问题相对突出
环境重点准入区	区位优势明显、适合工业开发利用、环境敏感度和重要性不高、有一定的环境承载力

5.1.2 环境功能区的划分条件

以各评价单元环境功能综合评价值为基础，考虑各类功能区识别的主导因素，划分各类环境功能区。其中，在边界范围上，省级环境功能区主要在参考环境功能综合评价值的基础上，站在生态的角度，按照区域的自然地理特点，并结合社会经济布局来划分边界。划分过程中考虑当地行政分区及其变化，汇总当地社会、经济、文化发展状况，区域所在地的社会信息和人为活动，如人口密度和分布、区域所在地的经济现状和发展规划等；市县环境功能区划在此基础上更细化、更具体，如另外还考虑当地的道路、水系等边界。

各类功能区的划分条件如下：

（1）自然生态红线区

主要包括依法设立的省级及以上的自然保护区、风景名胜区、森林公园、地质公园和县级以上饮用水水源保护区等，还包括极重要的自然文化遗产，以及生态环境极敏感和生态服务功能极重要、需要特别保护的区域。

（2）生态功能保障区

生态功能保障区的划分中在进行各单元环境功能综合评价的基础上主要考虑的是生态系统的类型、当地的地形、地貌和自然地理边界等。其中，水源涵养区主要包括湿地、湖泊、海岸等，划分过程中考虑了小流域的完整性以及生态系统的完整性。水土保持区主要考虑了土壤类型、坡度、海拔、经纬度等因子；生物多样性保护区主要包括动植物最集中的地方，以及动物出入比较集中的地方和其周边活动范围。将主体功能区规划中的生态经济地区和重点生态功能区的绝大部分划分为了生态功能保障区。

（3）农产品环境保障区

主要包括粮食及优势农作物环境保障区和水产品环境保障区两类。粮食及优势农作物环境保障区指具备良好生产条件的粮食主产区。水产品环境保障区指内陆水域水产品养殖捕捞主要作业区。将土地利用规划集中连片的耕地、园地及主体功能区规划中的省、市、县级粮食生产功能区划分为了农产品环境保障区。

（4）人居环境保障区

划分过程中主要考虑的因子包括人口密度、城市化程度等，重点考虑城镇总体规划中的城镇空间发展与城乡居民点体系。将全省城镇体系规划中的中心镇以上的城镇总体规划中以居住、商业、科教为主的区域划为该类区。

（5）环境优化准入区

划分时主要考虑当地适宜建设的范围、建成区面积以及开发强度等因子。在省级环境功能区划中，基于浙江省生态环境质量现状考虑，浙江省的大部分人口和产业集聚区域都应总体定位为环境优化准入区，将主体功能区规划中的大部分优化开发区域及城镇总体规划中的工业开发相对成熟的区域划分为了环境优化准入区。

（6）环境重点准入区

在划分功能区时主要考虑当地适宜建设的范围、建成区面积以及开发强度等因子，且主要以开发区、工业功能区等规划区道路，以及工业发展区域边界为控制边界。主要考虑省级产业集聚区中的以工业开发为主体的区域。而这些区域应在土地利用规划中的重点建设区和适宜建设区。

浙江省环境功能区划分条件具体见表 5-2。

表 5-2　环境功能区划分依据

环境功能区	区域特点	环境功能及范围	划分主要依据
自然生态红线区	生态环境敏感度极高、生态功能极重要、需要特别保护的区域	包括有代表性的自然生态系统、珍稀濒危野生动植物物种的天然集中分布地、有特殊价值的自然遗迹所在地等	1. 生态系统敏感性和生态系统重要性评价； 2. 相关保护区规划（主体功能区规划的禁止开发区域；土地利用总体规划的禁止建设区）
生态功能保障区	生态环境敏感度高、具有生态系统服务功能的区域	以维持区域生态功能为主。提供水源涵养、生物多样性维持及水土保持等生态服务功能，需保持并提高生态调节能力的区域	1. 生态系统敏感性和生态系统重要性评价； 2. 土壤类型、坡度、海拔、经纬度、丘陵山地，重要湖库、河流及其两侧一定范围等
农产品环境保障区	保障主要农、牧、渔业产品产地环境安全的区域	以保障农产品安全生产为主，包括主要粮食及优势农产品主产区和内陆水域及沿海渔业养殖捕捞区	主体功能区规划（粮食主产功能区）、土地利用规划（限制建设区、基本农田、耕地集中区）、农业区划等

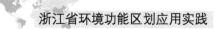

续表

环境功能区类型	区域特点	环境功能及范围	划分主要依据
人居环境保障区	以居住、商业等为主的城镇化区域	人口密度较高、集中进行城镇化的区域。提供健康安全、优美的人居环境	1. 人口密度、经济密度、城市化程度等； 2. 城镇体系规划、城镇总体规划、土地利用规划（优化建设区）
环境优化准入区	以工业开发为主，区域开发比较成熟，环境承载力趋于饱和	包括区域开发建设强度较高的工业区。提供健康安全的工业生产和人居环境	主体功能区规划（大部分优化开发区域）、城镇体系规划、城镇总体规划、土地利用规划、开发区规划（优化建设区）
环境重点准入区	工业化发展潜力较大，是未来产业集聚和重点开发区域	以工业开发集聚为主的区域。提供健康安全的工业生产环境	1. 适宜建设的范围、建成区面积，以及开发强度、规划区道路等； 2. 主体功能区规划（重点开发区域）、城镇总体规划、土地利用规划（重点建设区）、开发区规划、省级产业集聚区规划

5.2 分区总体方案

根据《环境功能区划编制技术指南（试行）》，结合浙江省生态环境特点，建立符合地方实际的环境功能评价指标体系，并进行环境功能综合评价，按照主导因素法依次识别不同区域主导环境功能类型，结合经济社会现状布局和发展趋势，综合考虑各类环境功能区保护优先等级，以及与各类相关规划的有机衔接，将浙江省国土空间划分为自然生态红线区、生态功能保障区、农产品环境保障区、人居环境保障区、环境优化准入区和环境重点准入区等六类环境功能区，形成全省环境功能区布局。

全省共划定自然生态红线区 313 个，总面积 14 433km²，占陆域国土面积的14.0%。生态功能保障区 27 个，总面积 49 192km²，占陆域国土面积的47.7%。农产品环境保障区 82 个，总面积 25 462km²，占浙江省陆域国土面积的24.7%。人居环境保障区 252 个，面积 7 123km²，占陆域国土面积的6.9%。环境优化准入区129 个，包括省级以上开发区 118 个和已开发成熟的连片区域 11 个（每个设区市1 个），总面积5 161km²，占陆域国土面积的5.0%。环境重点准入区 16 个，总面积1 858km²，占陆域国土面积的1.8%。

表 5 - 3 浙江省环境功能区统计表

环境功能区	环境功能类型	数量	面积/km²	比例/%
自然生态红线区	自然生态红线区	313	14 433	14.0
生态功能保障区	水源涵养区	12	49 192	47.7
	水土保持区	5		
	生物多样性保护区	10		
农产品环境保障区	粮食及优势农作物环境安全保障区	82	25 462	24.7
人居环境保障区	人居环境保障区	252	7 123	6.9
环境优化准入区	环境优化准入区	129	5 161	5.0
环境重点准入区	环境重点准入区	16	1 858	1.8
合计		363	103 229	100

注：这些功能分区因为在具体区域内略有重叠，所以总面积比全省陆域面积略大。

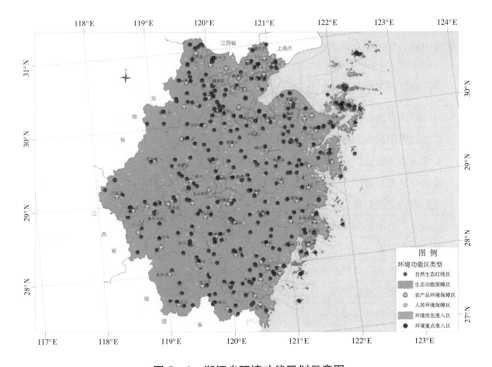

图 5 - 1 浙江省环境功能区划示意图

5.3 各类功能区范围与特征

5.3.1 自然生态红线区

全省共划定自然生态红线区 313 个，包括世界文化遗产和自然遗产 3 个、自然

保护区（国家级和省级）19 个、风景名胜区（国家级和省级）59 个、森林公园（国家级和省级）109 个、地质公园（国家级和省级）7 个、重要湿地及湿地公园 17 个和饮用水水源保护区（县级以上城市）99 个，总面积约 14 433km^2。自然生态红线区名录和分布见表 5 - 4。

表 5 - 4 省级自然生态红线区

序号	名称	面积/km^2	所处位置
1	西湖世界文化遗产	43.3	杭州市
2	中国丹霞地貌(浙江江郎山)世界自然遗产	11.81	江山市
3	中国大运河世界文化遗产（浙江段）	约 130	杭州市、嘉兴市、湖州市
4	天目山国家级自然保护区	42.84	临安市
5	清凉峰国家级自然保护区	112.52	临安市
6	韭山列岛国家级自然保护区	485 (陆域 7)	象山县
7	南麂列岛国家级自然保护区	201.06 (陆域 11.13)	平阳县
8	乌岩岭国家级自然保护区	188.62	泰顺县
9	长兴地质剖面国家级自然保护区	2.75	长兴煤山
10	大盘山国家级自然保护区	45.58	磐安县
11	古田山国家级自然保护区	81.07	开化县
12	九龙山国家级自然保护区	55.25	遂昌县
13	凤阳山—百山祖国家级自然保护区	260.51	龙泉市、庆元县
14	承天氡泉省级自然保护区	22.49	泰顺县
15	长兴扬子鳄省级自然保护区	1.22	长兴县
16	龙王山省级自然保护区	12.43	安吉县
17	东白山省级自然保护区	50.72	诸暨市
18	常山寒武、奥陶系地质剖面（金钉子）省级自然保护区	20.12	常山县
19	五峙山省级自然保护区	5 (陆域 0.21)	舟山市
20	括苍山省级自然保护区	27.01	仙居县
21	青田鼋省级自然保护区	3.6	青田县
22	望东垟高山湿地省级自然保护区	11.95	景宁县
	浙江省景宁畲族自治县大仰湖高山湿地群自然保护区	56.05	景宁县
23	杭州西湖国家级风景名胜区	59.04	杭州市

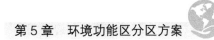

续表

序号	名称	面积/km²	所处位置
24	富春江—新安江国家级风景名胜区	1423.83	富阳市、桐庐县、建德市、淳安县
25	雪窦山国家级风景名胜区	54.86	奉化市
26	雁荡山国家级风景名胜区	406.63	乐清市、平阳县
27	楠溪江国家级风景名胜区	670.76	永嘉县
28	百丈漈—飞云湖国家级风景名胜区	137.16	文成县
29	莫干山国家级风景名胜区	58	德清县
30	天姥山国家级风景名胜区	143.13	新昌县
31	浣江—五泄国家级风景名胜区	73.85	诸暨市
32	双龙洞国家级风景名胜区	79.7	金华市
33	方岩国家级风景名胜区	152.8	永康市
34	江郎山国家级风景名胜区	51.39	江山市
35	普陀山国家级风景名胜区	45.57	舟山市
36	嵊泗列岛国家级风景名胜区	37.35	嵊泗县
37	天台山国家级风景名胜区	131.75	天台县
38	仙居国家级风景名胜区	158	仙居县
39	方山—长屿硐天国家级风景名胜区	26.06	温岭市
40	仙都国家级风景名胜区	166.2	缙云县
41	大红岩国家级风景名胜区	50.5	武义县
42	超山省级风景名胜区	5	杭州市
43	大明山省级风景名胜区	29	临安市
44	天童—五龙潭省级风景名胜区	58.6	宁波市
45	东钱湖省级风景名胜区	56	宁波市
46	鸣鹤—上林湖省级风景名胜区	30	慈溪市
47	泽雅省级风景名胜区	96	温州市
48	瑶溪省级风景名胜区	11	温州市
49	洞头省级风景名胜区	20	洞头县
50	南麂列岛省级风景名胜区	190	平阳县
51	滨海—玉苍山省级风景名胜区	111	苍南县
52	氡泉—九峰省级风景名胜区	136	泰顺县
53	仙岩省级风景名胜区	19	瓯海区
54	寨寮溪省级风景名胜区	174.8	瑞安市
55	南北湖省级风景名胜区	10	海盐县
56	下渚湖省级风景名胜区	36.5	德清县

序号	名称	面积/km²	所处位置
57	天荒坪省级风景名胜区	65	安吉县
58	鉴湖省级风景名胜区	25	柯桥区
59	吼山省级风景名胜区	11.4	柯桥区
60	曹娥江省级风景名胜区	40	上虞区
61	南山省级风景名胜区	14	嵊州市
62	九峰山—大佛寺省级风景名胜区	50	金华市
63	仙华山省级风景名胜区	55	浦江县
64	花溪—夹溪省级风景名胜区	51	磐安县
65	六洞山省级风景名胜区	9	兰溪市
66	白露山—芝堰省级风景名胜区	43.7	兰溪市
67	三都—屏岩省级风景名胜区	11	东阳市
68	烂柯山—乌溪江省级风景名胜区	160	衢州市
69	三衢石林省级风景名胜区	26	常山县
70	钱江源省级风景名胜区	54	开化县
71	桃花岛省级风景名胜区	12	舟山市
72	岱山省级风景名胜区	10	岱山县
73	划岩山省级风景名胜区	11.5	台州市
74	大鹿岛省级风景名胜区	36.79	玉环县
75	响石山省级风景名胜区	16.3	仙居县
76	桃渚省级风景名胜区	150	临海市
77	南明山—东西岩省级风景名胜区	12	丽水市
78	石门洞省级风景名胜区	20	青田县
79	箬寮—安岱后省级风景名胜区	15.83	松阳县
80	双苗尖—月山省级风景名胜区	55.5	庆元县
81	云中大涤省级风景名胜区	56.9	景宁县
82	午潮山国家森林公园	5.22	杭州市
83	半山国家森林公园	9.66	杭州市
84	径山（山沟沟）国家森林公园	53.75	余杭区
85	大奇山国家森林公园	7	桐庐县
86	瑶琳国家森林公园	4.5	桐庐县
87	千岛湖国家森林公园	950	淳安县
88	富春江国家森林公园	83.63	建德市
89	青山湖国家森林公园	64.5	临安市

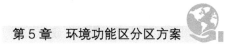

序号	名称	面积/km²	所处位置
90	四明山国家森林公园	45.93	宁波市
91	天童国家森林公园	7.07	鄞州区
92	双峰国家森林公园	7.27	宁海县
93	溪口国家森林公园	1.89	奉化市
94	龙湾潭国家森林公园	15.62	永嘉县
95	玉苍山国家森林公园	23.79	苍南县
96	铜铃山国家森林公园	27.25	文成县
97	花岩国家森林公园	26.24	瑞安市
98	雁荡山国家森林公园	8.41	乐清市
99	九龙山国家森林公园	4.37	平湖市
100	安吉竹乡国家森林公园	166	安吉县
101	兰亭国家森林公园	6.7	柯桥区
102	五泄国家森林公园	9.45	诸暨市
103	诸暨香榧国家森林公园	28.76	诸暨市
104	南山湖国家森林公园	55	嵊州市
105	双龙洞国家森林公园	7.77	金华市
106	牛头山国家森林公园	12.96	武义县
107	紫微山国家森林公园	55	衢州市
108	三衢国家森林公园	10.67	常山县
109	钱江源国家森林公园	122.67	开化县
110	大竹海国家森林公园	31.27	龙游县
111	仙霞国家森林公园	34.5	江山市
112	华顶国家森林公园	38.67	天台县
113	仙居国家森林公园	29.8	仙居县
114	大溪国家森林公园	33.75	温岭市
115	石门洞国家森林公园	42.95	青田县
116	遂昌国家森林公园	239.53	遂昌县
117	卯山国家森林公园	13.85	松阳县
118	庆元国家森林公园	19.97	庆元县
119	西山森林公园	13.81	西湖区
120	杨静坞森林公园	11	萧山区
121	石牛山森林公园	30.16	萧山区
122	东明山森林公园	7.82	余杭区
123	长乐森林公园	6.66	余杭区

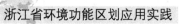

序号	名称	面积/km²	所处位置
124	白云源森林公园	23.01	桐庐县
125	新安江森林公园	35.6	建德市
126	贤明山森林公园	0.13	富阳市
127	龙门森林公园	10.8	富阳市
128	黄公望森林公园	4.58	富阳市
129	富阳城市森林公园	10	富阳市
130	太湖源森林公园	19.1	临安市
131	昌化森林公园	24.13	临安市
132	瑞岩寺森林公园	9.61	北仑区
133	象山清风寨森林公园	5.07	象山县
134	象山南田岛森林公园	7.98	象山县
135	南溪温泉森林公园	6.42	宁海县
136	桃花溪森林公园	5	宁海县
137	余姚东岗山森林公园	5.18	余姚市
138	达蓬山森林公园	4.47	慈溪市
139	斑竹森林公园	45.8	奉化市
140	黄贤森林公园	6.8	奉化市
141	西郊森林公园	24.2	鹿城区
142	西雁荡森林公园	52.8	瓯海区
143	茶山森林公园	62.5	瓯海区
144	四海山森林公园	25.54	永嘉县
145	五星潭森林公园	3.22	永嘉县
146	满田森林公园	21.19	平阳县
147	苍南石聚堂森林公园	10.412	苍南县
148	石垟森林公园	54.37	文成县
149	金珠森林公园	16.67	文成县
150	天关山森林公园	10.413	泰顺县
151	三魁森林公园	12.18	泰顺县
152	福泉山森林公园	14.9	瑞安市
153	梁希森林公园	4.69	湖州市
154	莫干山森林公园	4.2	德清县
155	桃花齐森林公园	4.78	长兴县
156	安吉龙山森林公园	6.01	安吉县

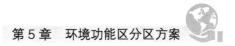

序号	名称	面积/km²	所处位置
157	稽东森林公园	33.69	柯桥区
158	香雪梅海森林公园	11.2	柯桥区
159	罗坑山森林公园	20	新昌县
160	杭坞山森林公园	33.8	诸暨市
161	祝家庄森林公园	8	上虞区
162	嵊州鹿山森林公园	4.15	嵊州市
163	金华东方红森林公园	7.31	婺城区
164	壶山森林公园	3.99	武义县
165	三角潭森林公园	10	浦江县
166	花台山森林公园	86.67	磐安县
167	六洞山森林公园	12	兰溪市
168	兰溪城市森林公园	0.88	兰溪市
169	华溪森林公园	22	义乌市
170	义乌望道森林公园	13.13	义乌市
171	八面山森林公园	53.18	东阳市
172	南山森林公园	38	东阳市
173	千金山森林公园	7	永康市
174	桔海森林公园	18.79	衢州市
175	普陀山森林公园	11.82	舟山市
176	长岗山森林公园	4.99	舟山市
177	大陈岛森林公园	11.9	椒江区
178	方山森林公园	4.14	黄岩区
179	大鹿岛森林公园	1.75	玉环县
180	仙居括苍森林公园	18.24	仙居县
181	木口湖森林公园	9.41	仙居县
182	江厦森林公园	18.67	温岭市
183	云峰森林公园	1.96	临海市
184	白云森林公园	28.48	丽水地区
185	大山峰森林公园	54	莲都区
186	大洋山森林公园	30.17	缙云县
187	括苍山森林公园	11.36	缙云县
188	云和湖森林公园	30.13	云和县
189	草鱼塘森林公园	11.16	景宁县

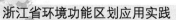

续表

序号	名称	面积/km²	所处位置
190	龙渊森林公园	3.69	龙泉市
191	雁荡山世界地质公园	294.6	乐清市
192	新昌地质公园	68.76	新昌县
193	常山地质公园	40.7	常山县
194	临海地质公园	62.19	临海市
195	余姚四明山地质公园	61.7	余姚市
196	大盘山地质公园	50.84	磐安县
197	九龙地质公园	98.8	景宁县
198	千岛湖湿地	580	淳安县、建德市
199	庵东沼泽湿地	110	慈溪市、余姚市
200	灵昆岛东滩湿地	15.99	龙湾区
201	南麂列岛湿地	12.13	平阳县
202	杭州西溪国家湿地公园	10.08	杭州市
203	德清下渚湖国家湿地公园	37.39	德清县
204	长兴仙山湖国家湿地公园	26.38	长兴县
205	诸暨白塔湖国家湿地公园	207.9	诸暨市
206	衢州乌溪江国家湿地公园	123.99	衢江区
207	玉环漩门湾国家湿地公园	43.5	玉环县
208	丽水九龙国家湿地公园	14.16	丽水市
209	嘉兴市石臼漾湿地公园	38.85	嘉兴市
210	安吉竹溪湿地公园	3.52	安吉县
211	东阳东白山高山湿地公园	8.3	东阳市
212	开化钱江源湿地公园	8	开化县
213	龙游绿葱湖湿地公园	1.46	龙游县
214	云和梯田湿地公园	15.5	云和县
215	西区水厂饮用水水源保护区		杭州市区
216	赤山埠水厂饮用水水源保护区	70.12	杭州市区
217	清泰门水厂饮用水水源保护区		杭州市区
218	萧山123水厂饮用水水源保护区		萧山区
219	祥符桥水厂饮用水水源保护区	12.6	杭州市区
220	临平水厂饮用水水源保护区		余杭区
221	富阳水厂饮用水水源保护区	14.3	富阳市

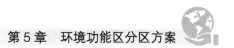

续表

序号	名称	面积/km²	所处位置
222	里畈饮用水水源保护区	69.5	临安市
223	桐庐镇水厂饮用水水源保护区	5.67	桐庐县
224	新安江水厂饮用水水源保护区	0.79	建德市
225	县自来水厂饮用水水源保护区	13.34	淳安县
226	鄞西北渡饮用水水源保护区	2.98	宁波市区
227	横山水库饮用水水源保护区	150.1	宁波市区、奉化市
228	皎口水库饮用水水源保护区	126.3	宁波市区
229	白溪水库饮用水水源保护区	252	宁波市区
230	亭下水库饮用水水源保护区	18.7	宁波市区
231	黄坛水库饮用水水源保护区	112.17	宁海县
232	陆埠水库饮用水水源保护区	56.12	余姚市
233	梁辉水库饮用水水源保护区	37.15	余姚市
234	梅湖水库饮用水水源保护区	22.74	慈溪市
235	邵岙水库饮用水水源保护区	8.5	慈溪市
236	上林湖水库饮用水水源保护区	13.08	慈溪市
237	仓岙水库饮用水水源保护区	9.5	象山县
238	溪口水库饮用水水源保护区	13.29	象山县
239	山根饮用水水源保护区	4.72	温州市区
240	泽雅水库饮用水水源保护区	24.33	温州市区
241	赵山渡水库饮用水水源保护区	68.9	瑞安县、文成县
242	珊溪水库饮用水水源保护区		文成县、泰顺县
243	吴界山饮用水水源保护区	33.03	瑞安市
244	集云山愚溪水库饮用水水源保护区	5.05	瑞安市
245	淡溪水库饮用水水源保护区	12.04	乐清市
246	桥墩水库饮用水水源保护区	138.62	苍南县
247	苦岭下水库饮用水水源保护区	36.48	泰顺县
248	长坑水库饮用水水源保护区	0.52	洞头县
249	楠溪江饮用水水源保护区	2.78	永嘉县
250	石臼漾水厂饮用水水源保护区	5.33	嘉兴市区
251	贯泾港水厂饮用水水源保护区	3.81	嘉兴市区
252	双喜桥水厂饮用水水源保护区	3.08	海宁市
253	泰山桥水厂饮用水水源保护区	4.19	海宁市

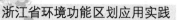

序号	名称	面积/km²	所处位置
254	太浦河饮用水水源保护区	2.5	嘉善县
255	果园桥水厂饮用水水源保护区	0.41	桐乡市
256	古横桥水厂饮用水水源保护区	12.77	平湖市
257	广陈水厂饮用水水源保护区	10.02	平湖市
258	三环洞大桥饮用水水源保护区	0.76	海盐县
259	千亩荡饮用水水源保护区	7.77	海盐县
260	城西大桥饮用水水源保护区	1.34	湖州市区
261	城北水厂饮用水水源保护区	2.2	湖州市区
262	老虎潭水库饮用水水源保护区	48.1	湖州市区
263	包漾河饮用水水源保护区	12.56	长兴县
264	合溪水库饮用水水源保护区	57.6	长兴县
265	赋石水库饮用水水源保护区	39.16	安吉县
266	对河口水库饮用水水源保护区	36.95	德清县
267	汤浦水库饮用水水源保护区	460	绍兴市区（含柯桥、上虞区）慈溪市
268	长诏水库饮用水水源保护区	276	新昌县
269	陈蔡水库饮用水水源保护区	187	诸暨市
270	南山水库饮用水水源保护区	54.6	嵊州市
271	沙金兰水库饮用水水源保护区	414.94	金华市区
272	芝堰水库饮用水水源保护区	97.3	兰溪市
273	八都水库饮用水水源保护区	104.03	义乌市
274	横锦水库饮用水水源保护区	8.21	东阳市
275	金坑岭水库饮用水水源保护区	93.6	浦江县
276	源口水库饮用水水源保护区	113.27	武义县
277	杨溪水库饮用水水源保护区	124.04	永康市
278	马蹄坑水库饮用水水源保护区	17.92	磐安县
279	黄坛口水库饮用水水源保护区	49.76	衢州市区
280	碗窑水库饮用水水源保护区	143.5	江山市
281	常山港饮用水水源保护区	8.1	常山县
282	龙潭水库饮用水水源保护区	22.21	开化县
283	洪畈水库饮用水水源保护区	29.82	龙游县
284	城北水库饮用水水源保护区	7.21	定海区

序号	名称	面积/km²	所处位置
285	虹桥水库饮用水水源保护区	23.95	定海区
286	岑港水库饮用水水源保护区	6.95	定海区
287	洞岙水库饮用水水源保护区	6.86	定海区
288	陈岙水库饮用水水源保护区	4.31	定海区
289	芦东水库饮用水水源保护区	3.7	普陀区
290	应家湾水库饮用水水源保护区	1.49	普陀区
291	小高亭水库饮用水水源保护区	1.34	岱山县
292	黄官泥岙水库饮用水水源保护区	0.88	岱山县
293	长弄堂水库饮用水水源保护区	0.54	嵊泗县
294	基湖水库饮用水水源保护区	0.58	嵊泗县
295	宫山水库饮用水水源保护区	0.38	嵊泗县
296	长潭水库饮用水水源保护区	441.3	台州市区、温岭市、玉环县
297	湖漫水库饮用水水源保护区	12.49	温岭市
298	牛头山水库饮用水水源保护区	119.97	临海市
299	西岙水库饮用水水源保护区	39.9	仙居县
300	黄龙水库饮用水水源保护区	2.45	天台县
301	佃石水库饮用水水源保护区	9.78	三门县
302	双庙水库饮用水水源保护区	1.77	玉环县
303	里墩水库饮用水水源保护区	11.76	玉环县
304	黄村水库饮用水水源保护区	66.92	丽水市区
305	玉溪水库饮用水水源保护区	3.96	丽水市区
306	岩樟溪水库饮用水水源保护区	48.55	龙泉市
307	小溪口饮用水水源保护区	1.99	青田县
308	雾溪水库饮用水水源保护区	8.21	云和县
309	周村双潭庵饮用水水源保护区	0.57	缙云县
310	成屏二级水库饮用水水源保护区	45.46	遂昌县
311	东坞水库饮用水水源保护区	8	松阳县
312	兰溪桥水库饮用水水源保护区	7	庆元县
313	龙潭桥饮用水水源保护区	31.97	景宁县
	合计	14 433	

注：自然生态红线区面积包含于生态功能保障区和环境优化准入区中。

合计面积已经将除饮用水水源地外的重复部分扣除。

今后新设立的世界遗产和各类自然保护区、风景名胜区、森林公园、地质公园、重要湿地及湿地公园、县级以上饮用水水源保护区及划定生态保护红线，增补进入自然生态红线区相关目录进行管理。

该环境功能区在全省范围内分布较散，生态状况好，生态系统典型，生物多样性丰富，珍稀物种分布密集；环境质量状况最好，受污染程度最低。是浙江省按照法律法规重点保护的区域，对保障全省生态安全具有关键作用，执行最严格的保护措施，是生态保护红线。

5.3.2 生态功能保障区

该区包含了水源涵养区、水土保持区、生物多样性保护区 3 个类型的小区，占全省面积比例最高，是全省需要重点保护的区域。全省共划定省级生态功能保障区 27 个，主要分布在全省主要河流中、上游丘陵山地区及重要河口、海湾和岛屿，面积约 49 192km²。

（1）水源涵养区

分布面积最广，涵盖了 41 个县市，主要包括浙江省的西部、南部和中南部的山地和丘陵地区，海拔较高，植被覆盖度高，是浙江省主要的水系发源地和水源涵养区，水源涵养重要性高。浙南山地区域是浙江省山地面积最大、海拔最高的一个地区，为瓯江、飞云江、鳌江等水系的发源地，也是钱塘江支流乌溪江、江山港、武义江的发源地。其他涉及的水系有：钱塘江水系的富春江、新安江、分水江，太湖水系的东、西苕溪，曹娥江水系，椒江水系，甬江水系的奉化江，飞云江水系，鳌江水系，瓯江水系等。

区域生态环境较好，生物资源丰富，部分地区有一定的矿产资源。区域人口密度较低，工业开发少，以农业、林业和旅游业为主。环境质量较好，但局部地区受到一定的污染，主要污染来源于农村生活污染和农业面源污染。

保住全省水资源和水环境保护的底线，将重要水系上、中游流域划为生态功能保障区，划分的 12 个水源涵养区覆盖了浙江省八大水系上游源头区域，边界主要以水源涵养功能重要性评估结果及流域分水岭、集水区和汇流要素等进行确定。

表 5-5 水源涵养区县（市）分布表

序号	名称	所在县
1	苕溪水源涵养区	长兴西部、安吉大部、湖州市区西南部、德清西部、杭州市区西北部、临安东部

续表

序号	名称	所在县
2	千岛湖水源涵养区	淳安
3	衢江流域水源涵养区	常山中南部、江山、衢州市区南部、龙游大部
4	三江口（新安江—兰江—富春江）水源涵养区	建德、兰溪大部
5	金华江流域水源涵养区	金华市区南部和北部、武义中部、缙云西北部、永康东部、东阳东部、义乌西北部
6	浦阳江流域水源涵养区	浦江、诸暨、义乌北部
7	曹娥江流域水源涵养区	绍兴市区南部、嵊州、新昌北部
8	紧水滩水库水源涵养区	庆元西北部、龙泉中部、云和北部、丽水市区南部
9	瓯江流域中北部水源涵养区	遂昌东部、松阳南部、景宁北部、青田、丽水市区北部、武义南部、缙云东部
10	甬江流域水源涵养区	余姚南部、宁波市区西部、奉化西部
11	椒江流域水源涵养区	磐安中北部、天台南部、仙居、临海西部、三门、台州市区西部
12	飞云江水源涵养区	泰顺北部、文成、瑞安西部

（2）水土保持区

该区域主要分布在浙江省西部的淳安县千里岗山脉、龙门山，东南部楠溪江流域、南雁荡山和天台山山脉区域。以山地丘陵为主，地形起伏较大，含有较丰富的水系，但以山溪性河流为主，落差大、蓄水能力差，易发生水土流失。区域生态系统敏感性高，土壤侵蚀极敏感；生态系统重要性高，土壤保持重要性极高，需要加强生态系统的保护，并开展水土流失治理。

将水土流失问题突出、土壤侵蚀敏感性高的区域划为水土保持区，边界主要以土壤侵蚀敏感性评估结果及地形地貌等要素进行确定。

表5－6 水土保持区县（市）分布表

序号	名称	所在县
1	千里岗山脉水土保持区	常山北部、衢州市区北部、建德西南部
2	北雁荡山水土保持区	温州市区西部、永嘉中北部、乐清北部和西部
3	南雁荡山水土保持区	泰顺南部、平阳西部、苍南西部
4	龙门山水土保持区	桐庐、富阳大部
5	天台山山脉水土保持区	天台北部、宁海、象山

（3）生物多样性保护区

主要分布在浙西的临安市、开化县和浙南的遂昌县、庆元县、景宁县的山区，以及钱塘江河口、乐清湾、三门湾、象山等湿地，还包括洞头—南北麂列岛和嵊泗等海洋岛屿。区域包含了高海拔的山区、河口、海湾、海岛等多种地形，生物资源丰富，涵盖了多个国家级、省级自然保护区，是珍稀濒危野生动植物物种的天然集中分布地。大部分区域污染源较少，人口密度低，生物生境良好，人为影响和破坏少。但河口和海湾由于受入海污染物排放及围垦的影响，受到了较严重的污染和生态破坏。区域生态系统敏感性极高，生物多样性保护重要性极重要，是浙江省生物多样性最丰富的地区。

以全省最具代表性、生物多样性最为丰富的区域为核心，兼顾生态系统典型性以及特有、珍稀物种分布，划为生物多样性保护区。

表 5-7　生物多样性保持区县（市）分布表

序号	名称	所在县
1	清凉峰—天目山生物多样性保护区	临安中西部
2	钱塘江河口湿地生物多样性保护区	杭州市区沿江带、海宁沿江地区
3	古田山生物多样性保护区	开化县
4	九龙山生物多样性保护区	遂昌中西部、龙泉西北部
5	凤阳山—百山祖生物多样性保护区	庆元中东部、龙泉东南部、景宁中南部、云和南部
6	乐清湾湿地生物多样性保护区	乐清、玉环沿乐清湾
7	三门湾湿地生物多样性保护区	三门、宁海沿海地带
8	象山湿地生物多样性保护区	象山、宁海、奉化和宁波市区沿海地带
9	洞头—南北麂列岛生物多样性保护区	洞头、南北麂列岛
10	嵊泗列岛生物多样性保护区	嵊泗列岛

5.3.3　农产品环境安全保障区

农产品环境保障区为集中连片的耕地、园地和粮食生产功能区及部分水产养殖水域，分布在全省各市县，主要集中在浙北平原地区、浙东南沿海平原地区和内陆丘陵盆地区，面积约 25 462km²，占全省陆域面积的 24.7%。其中平湖市、海盐县、龙游县、衢江区和江山市为国家级农产品主产区。其中省级粮食生产功能区面积 5 333km²，分布在 81 个县（市、区）。省级农产品环境保障区名录见表 5-8。

表 5－8　省级农产品环境保障区

序号	名称	省级粮食生产功能区面积/ 万亩
1	西湖区粮食及优势农作物环境保障区	1
2	萧山区粮食及优势农作物环境保障区	22
3	余杭区粮食及优势农作物环境保障区	19
4	富阳市粮食及优势农作物环境保障区	14
5	临安市粮食及优势农作物环境保障区	8
6	建德市粮食及优势农作物环境保障区	8
7	淳安县粮食及优势农作物环境保障区	3
8	桐庐县粮食及优势农作物环境保障区	8
9	江北区粮食及优势农作物环境保障区	3
10	鄞州区粮食及优势农作物环境保障区	20
11	余姚市粮食及优势农作物环境保障区	17
12	慈溪市粮食及优势农作物环境保障区	6
13	奉化市粮食及优势农作物环境保障区	10
14	象山县粮食及优势农作物环境保障区	10
15	宁海县粮食及优势农作物环境保障区	11
16	北仑区粮食及优势农作物环境保障区	1
17	镇海区粮食及优势农作物环境保障区	2
18	鹿城区粮食及优势农作物环境保障区	0.7
19	瓯海区粮食及优势农作物环境保障区	1.3
20	龙湾区粮食及优势农作物环境保障区	1
21	乐清市粮食及优势农作物环境保障区	14
22	瑞安市粮食及优势农作物环境保障区	17
23	永嘉县粮食及优势农作物环境保障区	8
24	平阳县粮食及优势农作物环境保障区	12
25	苍南县粮食及优势农作物环境保障区	15
26	文成县粮食及优势农作物环境保障区	4
27	泰顺县粮食及优势农作物环境保障区	2
28	秀洲区粮食及优势农作物环境保障区	16
29	南湖区粮食及优势农作物环境保障区	12
30	平湖市粮食及优势农作物环境保障区	19
31	桐乡市粮食及优势农作物环境保障区	16

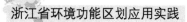

续表

序号	名称	省级粮食生产功能区面积/万亩
32	海宁市粮食及优势农作物环境保障区	17
33	海盐县粮食及优势农作物环境保障区	17
34	嘉善县粮食及优势农作物环境保障区	18
35	吴兴区粮食及优势农作物环境保障区	12
36	南浔区粮食及优势农作物环境保障区	21
37	德清县粮食及优势农作物环境保障区	11
38	长兴县粮食及优势农作物环境保障区	24
39	安吉县粮食及优势农作物环境保障区	12
40	越城区粮食及优势农作物环境保障区	4
41	柯桥区粮食及优势农作物环境保障区	19
42	上虞区粮食及优势农作物环境保障区	21
43	诸暨市粮食及优势农作物环境保障区	32
44	嵊州市粮食及优势农作物环境保障区	18
45	新昌县粮食及优势农作物环境保障区	6
46	椒江区粮食及优势农作物环境保障区	5
47	黄岩区粮食及优势农作物环境保障区	7
48	路桥区粮食及优势农作物环境保障区	7
49	天台县粮食及优势农作物环境保障区	8
50	仙居县粮食及优势农作物环境保障区	8
51	三门县粮食及优势农作物环境保障区	7
52	温岭市粮食及优势农作物环境保障区	15
53	临海市粮食及优势农作物环境保障区	14
54	玉环县粮食及优势农作物环境保障区	2
55	婺城区粮食及优势农作物环境保障区	14
56	义乌市粮食及优势农作物环境保障区	10
57	东阳市粮食及优势农作物环境保障区	16
58	兰溪市粮食及优势农作物环境保障区	15
59	永康市粮食及优势农作物环境保障区	11
60	浦江县粮食及优势农作物环境保障区	7
61	磐安县粮食及优势农作物环境保障区	3
62	武义县粮食及优势农作物环境保障区	10
63	金东区粮食及优势农作物环境保障区	3

序号	名称	省级粮食生产功能区面积/ 万亩
64	莲都区粮食及优势农作物环境保障区	5
65	龙泉市粮食及优势农作物环境保障区	9
66	庆元县粮食及优势农作物环境保障区	5
67	缙云县粮食及优势农作物环境保障区	8
68	遂昌县粮食及优势农作物环境保障区	6
69	松阳县粮食及优势农作物环境保障区	5
70	青田县粮食及优势农作物环境保障区	2
71	云和县粮食及优势农作物环境保障区	1
72	景宁县粮食及优势农作物环境保障区	3
73	柯城区粮食及优势农作物环境保障区	1
74	衢江区粮食及优势农作物环境保障区	12
75	江山市粮食及优势农作物环境保障区	16
76	常山县粮食及优势农作物环境保障区	7
77	开化县粮食及优势农作物环境保障区	7
78	龙游县粮食及优势农作物环境保障区	14
79	定海区粮食及优势农作物环境保障区	2
80	普陀区粮食及优势农作物环境保障区	0.7
81	岱山县粮食及优势农作物环境保障区	0.3
合计		800

注：1. 涉及省级粮食生产功能区建设的每个县（市、区），设一个农产品环境保障区。

2. 粮食生产功能区面积为 2010—2018 年建设任务。

3. 1 万亩＝6.667km^2。

该区包含了浙江省大部分的基本农田和耕地、园地，农业生产条件较好，是浙江省的粮食和农产品的主产区，但农业面源污染相对较重，地表水和土壤受到一定的污染。考虑到省级层面没有大规模连片的淡水产品养殖区，因此未划定水产品环境保障区，具体可以根据水产养殖规划在市县环境功能区划中进行划定。

在省级层面，重点将集中连片的耕地、园地和省级粮食生产功能区划为农产品环境保障区，符合管理的需要，也达到了保护粮食主产区环境安全、保障农产品安全的目的。

5.3.4 人居环境保障区

主要为省级中心镇以上城镇规划中的居住、商业、科教等集中区块，共 252 处，

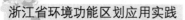

是浙江省城镇化发展的人口集聚区，面积约 7 123km²，占全省陆域面积的 6.9%。省级人居环境保障区名录见表 5－9 至表 5－11。

表 5－9　设区市城市人居环境保障区

设区市	个数
杭州、宁波、温州、湖州、嘉兴、绍兴、金华（含义乌）、衢州、舟山、台州、丽水	11

表 5－10　县级城市或城镇人居环境保障区

设区市	个数	县级城市或城镇
杭州市	5	富阳市、临安市、建德市、桐庐县、淳安县
宁波市	5	余姚市、慈溪市、奉化市、象山县、宁海县
温州市	8	乐清市、瑞安市、永嘉县、平阳县、苍南县、文成县、泰顺县、洞头县
嘉兴市	5	平湖市、桐乡市、海宁市、海盐县、嘉善县
湖州市	3	长兴县、安吉县、德清县
绍兴市	3	诸暨市、嵊州市、新昌县
金华市	6	东阳市、兰溪市、永康市、浦江县、磐安县、武义县
衢州市	4	江山市、常山县、龙游县、开化县
舟山市	2	岱山县、嵊泗县
台州市	6	温岭市、临海市、天台县、三门县、仙居县、玉环县
丽水市	8	龙泉市、缙云县、遂昌县、松阳县、青田县、景宁县、庆元县、云和县
合计	55	

注：县级城市或城镇指县（市）政府所在地城市或城镇。

表 5－11　省级中心镇人居环境保障区

所在地	个数	中心镇
杭州市	24	临浦镇、瓜沥镇、河上镇、塘栖镇、余杭镇、瓶窑镇、良渚镇、分水镇、横村镇、富春江镇、汾口镇、威坪镇、乾潭镇、梅城镇、寿昌镇、大同镇、大源镇、新登镇、场口镇、昌化镇、於潜镇、太湖源镇、高虹镇、径山镇
宁波市	22	慈城镇、春晓镇、咸祥镇、集士港镇、姜山镇、泗门镇、梁弄镇、马渚镇、陆埠镇、观海卫镇、周巷镇、道林镇、龙山镇、溪口镇、纯湖镇、松岙镇、西店镇、长街镇、岔路镇、石浦镇、西周镇、贤痒镇

所在地	个数	中心镇
温州市	20	瑶溪镇、瞿溪镇、虹桥镇、柳市镇、大荆镇、塘下镇、马屿镇、飞云镇、桥头镇、瓯北镇、珊溪镇、鳌江镇、水头镇、雅阳镇、龙港镇、金乡镇、桥下镇、陶山镇、萧江镇、钱库镇
湖州市	13	织里镇、八里店镇、南浔镇、菱湖镇、练市镇、新市镇、乾元镇、钟管镇、泗安镇、和平镇、孝丰镇、梅溪镇、煤山镇
嘉兴市	20	新丰镇、凤桥镇、王江泾镇、王店镇、西塘镇、姚庄镇、天凝镇、新仓镇、新埭镇、独山港镇、沈荡镇、许村镇、长安镇、袁花镇、盐官镇、洲泉镇、崇福镇、濮院镇、乌镇、澉浦镇
绍兴市	20	皋埠镇、钱清镇、杨汛桥镇、平水镇、兰亭镇、福全镇、大唐镇、店口镇、枫桥镇、牌头镇、次坞镇、崧厦镇、章镇镇、丰惠镇、小越镇、长乐镇、甘霖镇、黄泽镇、儒岙镇、澄潭镇
金华市	19	汤溪镇、白龙桥镇、孝顺镇、游埠镇、诸葛镇、巍山镇、横店镇、南马镇、佛堂镇、苏溪镇、上溪镇、古山镇、龙山镇、芝英镇、黄宅镇、郑宅镇、柳城镇、桐琴镇、尖山镇
衢州市	10	航埠镇、廿里镇、高家镇、湖镇镇、溪口镇、贺村镇、峡口镇、辉埠镇、球川镇、马金镇
舟山市	6	白泉镇、金塘镇、六横镇、虾峙镇、衢山镇、洋山镇
台州市	19	院桥镇、宁溪镇、金清镇、杜桥镇、白水洋镇、东塍镇、泽国镇、大溪镇、松门镇、箬横镇、新河镇、楚门镇、沙门镇、平桥镇、白鹤镇、横溪镇、白塔镇、健跳镇、六敖镇
丽水市	13	碧湖镇、安仁镇、船寮镇、温溪镇、崇头镇、竹口镇、壶镇镇、石练镇、古市镇、沙湾镇、腊口镇、八都镇、新建镇
合计	186	

注：不包括作为省级中心镇的 11 个县城；省级中心镇名录根据省里更新情况动态调整。

其他建制镇的人居环境保障区划定，在市县环境功能区划中进行明确。集镇和农村居民点，大部分分布在生态功能保障区和农产品安全保障区，由于这些地区的环境目标要求等级比较高，已经能够满足保障人群环境健康的要求，因此不再划入人居环境保障区。

该区包括了浙江省区域中心城市、地区中心城市、县域中心城市和中心镇的主要居住、商业和文教区。区域人口密度极大，是城镇化重点区块。服务业发达，但随着城镇化的快速发展，导致了居住和工业混杂的状况大量存在，需要退二进三。

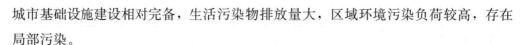

城市基础设施建设相对完备，生活污染物排放量大，区域环境污染负荷较高，存在局部污染。

以人口最密集的城市、城镇建成区为主，结合城镇体系规划的城市化发展方向，将省级中心镇及以上的城市和城镇规划中以居住、商业、文教等为主的区域划为人居环境保障区，符合省级区划的定位，达到确保人居环境安全，保障人群健康的目的。

5.3.5　环境优化准入区

主要分布在环杭州湾地区、舟山群岛新区、内陆丘陵盆地区和温台沿海地区，包括全省118个省级以上开发区（工业区）已经开发完成部分，及长兴中东部、湖州市区大部、德清东部和中部、嘉兴全市、杭州市区、富阳东北部、绍兴市区大部、余姚市北部、慈溪市、宁波市区、奉化市东部、舟山市区、岱山县、温州市区、衢州—龙游盆地区、金华—义乌盆地区（含东阳、永康、武义、兰溪部分）、丽水—松阳盆地等区域的其他城镇工业功能区块，面积5 161km²。省级环境优化准入区名录见表5-12。

表5-12　环境优化准入区县（市）分布表

序号	名称	所在县
1	杭州环境优化准入区	杭州市区大部、富阳东北部
2	宁波环境优化准入区	余姚北部、慈溪、宁波市区大部、奉化东北部
3	温州环境优化准入区	乐清南部、温州市区东部、瑞安东部、平阳东部、苍南东部
4	嘉兴环境优化准入区	嘉善、嘉兴市区、平湖、桐乡、海宁、海盐
5	湖州环境优化准入区	长兴东部、湖州市区大部、德清东部和中部
6	绍兴环境优化准入区	绍兴市区中北部
7	金华—义乌环境优化准入区	兰溪南部、金华市区中部、义乌中南部、东阳西部、永康西部、武义北部
8	衢州环境优化准入区	衢州市区中部、龙游中部
9	舟山环境优化准入区	舟山市区、岱山
10	台州环境优化准入区	临海东部、台州市区东部、温岭、玉环
11	丽水环境优化准入区	丽水市区中部、松阳中部

区域工业经济发达，人口密度大，是全省重污染行业的集中区域。配套基础设

施相对完善，但污染物排放大，区域环境污染负荷极高，环境容量不足，局部污染严重。是经济发展水平指数高或极高、污染物排放指数高或极高、环境质量指数中度污染或重度污染、维护人群健康指数高或极高的地区。

区域划定主要以环境综合评价结果为基础，结合省主体功能区规划，并依据环境质量及污染物排放、城镇开发建设布局及强度、人口经济聚集趋势等要素进行边界确定，周边区域留有生态空间。

5.3.6 环境重点准入区

主要包括全省各地的省级产业集聚区和湖州省际承接产业转移示范区等区域规划工业开发区块，共 16 处，面积约 1 858km²。省级环境重点准入区见表 5－13。

表 5－13 省级环境重点准入区

序号	产业集聚区名称	规划控制区面积/km²
1	杭州大江东产业集聚区	425
2	杭州城西科创产业集聚区	293
3	宁波杭州湾产业集聚区	249
4	宁波梅山国际物流产业集聚区	222
5	温州瓯江口产业集聚区	403
6	嘉兴现代服务业产业集聚区	115
7	湖州南太湖产业集聚区	381
8	绍兴滨海产业集聚区	437
9	金华新兴产业集聚区	277
10	衢州绿色产业集聚区	321
11	舟山海洋产业集聚区	554
12	台州湾循环经济产业集聚区	515
13	丽水生态产业集聚区	271
14	义乌商贸服务业产业集聚区	146
15	浙南先进装备产业集聚区	温州空港部分、温州经济技术开发区、瑞安塘下镇及飞云江以南阁下部分、平阳西湾区块
16	湖州省际承接产业转移示范区	165

注：产业集聚区包含部分省级以上开发区（园区）。

该区以规划工业开发为主，是未来工业化集聚度较高的地区，人口较为密集，

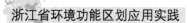

工业污染是主要污染源，需要强化配套污染治理设施，重点防范工业生产环境风险，保障区域人群健康。

这些区域是未来全省重点的工业开发区域。在省级层面，将省级产业集聚区划为省级环境重点准入区，符合管理和发展的要求，也达到了防治工业污染、降低对人群健康影响的目的。

第6章　功能区环境目标和管控措施

各环境功能区的环境目标和管控措施是区划对生态环境空间管制的具体体现，是实现区划的约束性和可操作性的主要手段，是开展分区分类差别化环境管理的基本依据。

6.1　分区环境目标设定

环境功能区的环境目标是环境功能区划最终的目标，也是确保区域功能区环境功能稳定发挥、保障区域生态安全和人群健康的最低目标值。主要包括环境质量目标和生态保护目标。

省级环境功能区目标是一个总体的目标要求，是指导性的。即使在同一类环境功能区中，由于保护对象的不同或位于区域的不同，可能会导致部门环境目标产生差异，如饮用水水源保护区和风景名胜区对水环境质量的保护要求就有明显的差异性。因此，具体需要在市县每个环境功能区中进一步细化明确。

6.1.1　环境质量目标

环境质量目标是根据各功能区的环境主导功能，结合相关要素类环境功能区划和国家环境质量标准所提出的目标，包括大气环境质量目标、水环境质量目标、土壤环境质量目标、声环境质量目标等。

每个环境功能区都要求明确包含大气环境质量目标、水环境质量目标、土壤环境质量目标要求。声环境质量主要考虑噪声对人群的健康影响，重点在人群密集区域，因此只在人居环境保障区、环境优化准入区和环境重点准入区内进行目标要求。

根据不同功能区的保护要求，各个环境质量目标要求也不同，一般来说自然生态红线区的环境质量目标要求最高，以保障自然生态系统的本底值为目标；生态功能保障区其次，重点保障相应的生态功能，环境质量的要求也比较高；农产品环境安全保障区、人居环境保障区根据农产品安全和人群健康安全的需要设定目标；环境优化准入区和环境重点准入区要求相对较低，重点确保区域内的人群健康。

6.1.2 生态保护目标

生态保护目标主要是根据区域生态保护的要求，按照定性和定量相结合原则，提出针对自然生态系统保护的目标要求。由于省级环境功能区面积较大、生态系统相对复杂，因此只进行了概述性地描述，不进行量化指标要求。具体量化性的指标要求可在市县环境功能区划中提出。主要内容包括水生态系统、生物多样性、森林质量、水域面积等等。重点在自然生态红线区和生态功能保障区。

6.2 管控措施制定

为了确保实现各个环境功能区目标，并引导区域环境保护工作的开展，规范各类开发建设活动，预防和治理各类环境污染问题，按照"可复制、可落地、可操作"和分区分类管理的原则要求，制定各类环境功能区的管控措施。

管控措施的内容主要包括：区域的空间布局要求、建设开发活动的环境准入条件、环境风险防范要求、污染控制要求和自然生态保护要求等。设定建设开发活动环境准入条件，重点明确需要限制和禁止的建设开发活动及对允许进入的需要满足什么条件。

一般来说，自然生态红线区的管控要求最严格，禁止一切工业项目，基本杜绝人为污染和生态破坏；生态功能保障区严格限制工业发展，并以保障区域生态调节功能为目标，防止人为破坏生态系统的行为，恢复各类生态系统；农产品环境安全保障区和人居环境保障区根据各自功能区的特点，限制工业开发，禁止特定的工业发展，特别对于农产品环境保障区，要禁止持久性有机污染物和重金属排放的企业布局，确保农产品产地环境质量安全；环境优化准入区和环境重点区管控要求相对较低，以预防和控制发展过程中产生的污染问题为主，确保基本的环境安全和人群健康。

同时根据建立省级和市县级两级环境功能区划体系的要求，使管控措施更加清晰，具有更强的指导性，便于市县环境功能区划的参照执行，梳理汇总了6条工业污染防治、4条农业面源防治、8条生态保护修复共18条规范化管控措施（表6-1）。在编制市县环境功能区划时，从中选择相应条目作为各类功能区的管控措施组合，每一个具体功能分区根据实际情况增加部分特色管控措施。

表6-1 环境管控措施

工业污染防治	1. 禁止一切工业项目进入，现有的要限期关闭搬迁； 2. 禁止新建、扩建、改建二类、三类工业项目，现有三类工业项目限期搬迁关闭，现有二类工业项目应逐步退出； 3. 禁止新建、扩建、改建三类工业项目和涉及重金属、持久性有机污染物排放的二类工业项目，现有的要限期关闭搬迁； 4. 禁止新建、扩建、改建三类工业项目，现有的要逐步退出（源头地区的环境重点准入区）； 5. 禁止新建、扩建三类工业项目，但鼓励对三类工业项目进行淘汰和提升改造； 6. 禁止某些行业三类工业项目进入，严控三类工业项目数量和排污总量
农业面源防治	1. 禁止畜禽养殖； 2. 禁止经营性畜禽养殖； 3. 严格实施畜禽养殖禁养区、限养区规定，控制规模化畜禽养殖项目规模； 4. 严格控制化肥农药施用量
生态保护修复	1. 禁止建设其他不符合法律法规和规划的项目，现有的应限期改正或关闭（自然生态红线区）； 2. 禁止新建入河（或湖、海）排污口，现有的入河（或湖、海）排污口应限期纳管； 3. 禁止侵占水面行为，保护好河湖湿地，最大限度地保留原有自然生态系统； 4. 合理规划生活区与工业区，在居住区和工业园、工业企业之间设置隔离带，确保人居环境安全和群众身体健康； 5. 禁止在河流两岸、干线公路两侧进行采石、取土、采砂等活动； 6. 禁止任何形式的毁林、开荒等破坏植被的行为，加强生态公益林保护与建设，提升区域水源涵养和水土保持功能； 7. 禁止除生态护岸建设以外的堤岸改造作业； 8. 严格限制非生态型河湖岸工程建设

6.3 工业项目分类管理目录

根据工业行业的污染状况和环境风险，参照 2017 年环保部《建设项目环境影响评价分类管理名录》（部令第 44 号），编制了工业项目分类管理目录，将工业分成基本无污染和无环境风险的一类工业项目，中污染、中风险和污染物排放量不大的二类工业项目，以及重污染高风险的三类工业项目（各类工业项目分类序号均未改动）。

考虑到分区分类管控的可操作性，输油、输气管线项目，储油、储气项目，及水的生产和供应业、热力生产与供应业等属于城市基础类工业项目，不纳入本工业项目分类表。具体这类项目布局选址，各地根据实际需要和环境影响评价结果，在符合相关法规条件下确定、或在市县具体功能区管控清单中列明；非工业项目，各地可按照实际需要增列。

编制工业项目分类管理目录是落实环境功能区划约束性、实现区划可操作和可落地的重要手段。在省级环境功能区划的管控措施中，明确这三类工业的整体发展要求，进而制约全省工业的发展导向。在市县环境功能区划中，将工业项目分类管理目录作为项目负面清单罗列在每个功能分区中，并且对现有项目的改、扩建等特殊情况提出有针对性的准入要求，使政府管理人员和企业一目了然，直接形成明确的建设项目环境准入门槛。同时，通过对一类、二类项目设定兜底条款，对不够明确的项目通过环评审批再一次把关，以此解决负面清单的完整性问题。

表 6－2　工业项目分类管理目录（负面清单）

项目类别	主要工业项目
一类工业项目	69. 电子真空器件、光电子器件及其他电子器件（不含分割、焊接、有机溶剂清洗工艺的）； 70. 集成电路、半导体分立器件（不含分割、焊接、有机溶剂清洗工艺的）； 71. 电子元件及组件（不含分割、焊接、有机溶剂清洗工艺的）； 83. 粮食及饲料加工（不含发酵工艺的）； 99. 竹、藤、棕、草制品制造（不含化学处理工艺的）； 101. 纸制品（不含化学处理工艺的）； 105. 工艺品制造（无电镀、喷漆工艺和机加工的） 108. 纺织品制造（无染整工段的编织物及其制品制造） 109. 服装制造（不含湿法印花、染色、水洗工艺的）； 110. 鞋业制造（不使用有机溶剂的）等基本无工业污染和环境风险的项目
二类工业项目	D煤炭（不含 19、焦化、电石；20、煤炭液化、气化）； E电力（不含燃煤发电）； F石油、天然气［不含 29、油库、气库；30、石油、天然气、成品油管线（不含城市天然气管线）］； 31. 黑色金属采选（含单独尾矿库）； 35. 黑色金属压延加工； 36. 有色金属采选（含独尾矿库）； 39. 有色金属压延加工； I金属制品（不含有电镀或钝化工艺的热镀锌的金属制品表面处理及热处理加工）； J非金属矿采选及制品制造（不含 47、水泥制造） K机械、电子；

续表

项目类别	主要工业项目
二类工业项目	76. 基本化学原料制造；肥料制造；农药制造；涂料、染料、颜料、油墨及其类似产品制造；合成材料制造；专用化学品制造；炸药、火工及焰火产品制造；食品及饲料添加剂等制造（无化学反应过程的） 77. 日用化学品制造（无化学反应过程的） M 医药（不含 79、化学药品制造）； N 轻工 [不含 100、纸浆制造、造纸；106、皮革、毛皮、羽毛（绒）制品（制革、毛皮鞣制）]； 108. 纺织品制造（无染整工段的，不含无染整工段的编织物及其制品制造）； 109. 服装制造（有湿法印花、染色、水洗工艺的）； 110. 鞋业制造（使用有机溶剂的）； 129. 煤气生产和供应（煤气生产）； 137. 废旧资源加工再生（废电子、电器产品、废电池、汽车拆解；废塑料再生等污染和环境风险不高、污染物排放量不大的项目）
三类工业项目	19. 焦化、电石； 20. 煤炭液化、气化； 22. 火力发电（燃煤）； 32. 炼铁、球团、烧结； 33. 炼钢； 34. 铁合金冶炼；锰、铬冶炼； 37. 有色金属冶炼（含再生有色金属冶炼）； 38. 有色金属合金制造（全部）； 40. 金属制品表面处理及热处理加工（电镀、有钝化工艺的热镀锌）； 47. 水泥制造； 75. 原油加工、天然气加工、油母页岩提炼原油、煤制原油、生物制油及其他石油制品； 76. 基本化学原料制造；肥料制造；农药制造；涂料、染料、颜料、油墨及其类似产品制造；合成材料制造；专用化学品制造；炸药、火工及焰火产品制造；食品及饲料添加剂等制造（有化学反应过程的）； 77. 日用化学品制造（有化学反应过程的）； 79. 化学药品制造； 100. 纸浆制造、造纸（含废纸造纸）； 106. 皮革、毛皮、羽毛（绒）制品（制革、毛皮鞣制）； 107. 化学纤维制造； 108. 纺织品制造（有染整工段的）等重污染行业项目

注：以上项目名称与《建设项目环境影响评价分类管理名录》的基本相同，其中删除了编号 76 中的"水处理剂已纳入专用化学品制造"；饲料添加剂、食品添加剂，与国民经济行业分类目录标准做了衔接，改成了食品与饲料添加剂制造。

6.4　各类功能区管控导则

综合分区环境目标设定、管控措施制定、工业项目分类管理目录，进一步细化明确了各类环境功能区管控导则。

6.4.1　自然生态红线区

（1）主导环境功能

保存自然文化遗产，保护珍稀濒危动植物物种及其栖息地，维持自然环境本底状态，维护自然生态系统的完整性和可持续发展空间，保障人类生存发展的生态安全底线。

（2）环境质量与生态保护目标

地表水环境质量：自然保护区及江河源头区的自然生态红线区达到Ⅰ类标准，其他自然生态红线区达到Ⅱ类标准或水环境功能区要求；

环境空气质量：自然保护区、风景名胜区达到一级标准，其他自然生态红线区达到功能区要求；

土壤环境质量：保持自然本底状态或达到功能区要求；

水生态系统、生物多样性、森林质量和特定保护对象维持原始状态或得到改善。

（3）管控要求

严格按照相关的法律法规及管理条例进行管理和保护。

禁止与区域保护无关的项目进入，现有的要限期关闭搬迁；

控制道路（航道）、通信、电力等基础设施建设，严格按照相关保护要求进行控制和管理，尽量避绕本区域；

自然保护区的核心区、缓冲区、饮用水水源的一级保护区和其他保护区的核心区，禁止畜禽养殖；其他自然生态红线区域禁止经营性畜禽养殖；

禁止进行采石、开矿、取土、非抚育和更新性采伐、捕猎、放牧等对保护对象有损害的活动；

禁止改变河道自然形态，禁止非生态型河岸工程建设（除以防洪为主要功能外）；

地质公园内，除必要的保护和附属设施外，禁止进行其他一切生产建设活动。

6.4.2　生态功能保障区

（1）主导环境功能

提供水源供给、调节和涵养生态服务，维持河流湖泊的水环境和生态安全；保持土壤，减少水土流失；保护生物多样性，为珍稀的野生动植物及其他生物提供赖以生存的栖息地和环境；维持生态系统结构和功能的完整；保持各类生态系统间的有机联系。

（2）环境质量和生态保护目标

地表水环境质量：河流源头区域水质达到Ⅰ类标准，其他区域达到Ⅱ类标准或水环境功能区要求；

环境空气质量达到一级标准或功能区要求；

土壤环境质量达到一级标准或功能区要求；

森林覆盖率和天然林面积不降低，生态质量持续改善，水源涵养、水土保持和生物多样性维持功能得到不断提升。

（3）管控措施

限制区域开发强度，区域内污染物排放总量不得增加。

禁止新建、扩建、改建三类工业项目，现有三类工业项目应限期搬迁关闭；禁止新建、扩建污水排放量较大、有毒有害污染物排放的二类工业项目（矿产资源点状开发加工利用除外），现有的这类工业项目应转型升级，减少污染物排放；禁止在城镇（含集镇）工业集聚区外新建、扩建其他二类工业项目（矿产资源开采除外，但不得加工）；限制矿山开发和水利水电开发项目。

严格实施畜禽养殖禁养区、限养区规定，控制规模化畜禽养殖项目规模，在湖库型饮用水水源上游的水源涵养区和集雨区一定范围内设立禁止规模化畜禽养殖区；

禁止在主要河流两岸、干线公路两侧进行采石、取土、采砂等活动；

禁止任何形式的毁林、开荒等破坏植被的行为，加强生态公益林保护与建设，25°以上的陡坡耕地逐步实施退耕，提升区域水源涵养和水土保持功能；

严格控制坡耕地建设，禁止在25°以上区域垦造耕地；

禁止侵占水面行为，保护好河湖湿地，最大限度地保留原有自然生态系统；除以防洪、航运为主要功能的河段堤岸外，禁止除生态护岸建设以外的堤岸改造作业；

在进行各类建设开发活动前，应加强对生物多样性影响的评估，任何开发建设活动不得破坏珍稀野生动植物的重要栖息地，不得阻隔野生动物的迁徙道路。

6.4.3 农产品环境保障区

（1）主导环境功能

保持耕地的数量和质量，保护基本农田，为种植粮食及其他食用农产品生产提供安全的环境条件，保证农产品产量和品质，确保农产品的安全生产。

（2）环境质量与生态保护目标

地表水达到Ⅲ类标准或水环境功能区要求；

环境空气达到二级标准；

土壤环境质量达到二级标准、《食用农产品产地环境质量评价标准》；

维持良好的农业生态和耕地土壤的微生态环境。

（3）管控措施

以保障农业生产环境安全为基本出发点，禁止新建、扩建、改建三类工业项目和涉及重金属、持久性有毒有机污染物排放的工业项目，现有的要逐步关闭搬迁，并进行相应的土壤修复，城镇（集镇）工业集聚点外禁止二类工业项目进入（矿产资源点状开发加工利用除外）；

建立集镇居住商业区、耕地保护区与工业集聚点之间的防护带，防治污染影响；

严格实施畜禽养殖禁养区和限养区政策，控制养殖业发展数量和规模；

除以防洪为主要功能的堤岸外，禁止除生态护岸建设以外的堤岸改造作业；

加强基本农田保护，严格限制非农项目占用耕地，全面实行"先补后占"，杜绝"以次充好"，切实保护耕地，提升耕地质量；

加强农业面源污染治理，严格控制化肥农药施用量，加强水产养殖污染防治，逐步削减农业面源污染物排放量。

6.4.4　人居环境保障区

（1）主导环境功能

提供健康、安全、舒适、优美的人居环境，保障人群健康。

（2）环境质量与生态保护目标

地表水环境质量达到Ⅲ类标准或水环境功能区要求；

环境空气质量达到二级标准；

声环境质量达到1类标准或声环境功能区要求；

土壤环境质量达到相关评价标准。

河湖水域面积不减少。

（3）管控措施

禁止新建、扩建、改建二类、三类工业项目，现有三类工业项目限期搬迁关闭，现有二类工业项目应逐步退出；

禁止畜禽养殖；

除公共污水处理设施外，陆域地区禁止新建入河（或湖或海）排污口，现有的入河（或湖或海）排污口应限期纳管，岛屿地区严格控制新建入海排污口；

合理规划布局工业、商业、居住、科教等功能区块，严格控制有噪声、恶臭、油烟等污染物排放较大的各类建设项目布局，防治污染影响；

最大限度地保留区内原有自然生态系统，保护好河湖湿地生境，严格限制非生态型河湖岸工程建设范围，禁止任何建设项目阻断自然河道，对受污染的河道进行生态修复。推进城镇绿廊建设，建立城镇生态空间与区域生态空间的有机联系。

6.4.5 环境优化准入区

（1）主导环境功能

提供健康、安全的生活和工业生产环境，保障人群健康安全。

（2）环境质量与生态保护目标

地表水环境质量达到Ⅲ类标准或水环境功能区要求，地下水质量达到Ⅲ类标准以上；

环境空气达到二级标准；

声环境质量达到2类标准或声环境功能区要求；

土壤环境质量达到相关评价标准；

河湖水域面积不减少。

（3）管控措施

以加强企业的转型升级为主，在省级以上开发区（工业区）外禁止新建、扩建三类工业项目（除经批准专门用于三类工业集聚的开发区和工业区外），鼓励对三类工业项目进行淘汰和提升改造。在城镇（包括集镇）工业功能区以外的区域禁止新建、扩建和改建二类工业项目（矿产资源点状开发加工利用除外）。新建工业项目污染物排放水平需达到同行业国内先进水平。

优化生活区与工业功能区布局，在居住区和工业功能区、工业企业之间设置隔离带，确保人居环境安全和群众身体健康；

严格实施畜禽养殖禁养区和限养区政策，在城镇规划建设开发控制区内禁止畜禽养殖；

严格实施污染物总量控制制度，根据环境功能目标实现情况，编制实施重点污染物减排计划，削减污染物排放总量；

加强土壤和地下水污染防治与修复；

最大限度地保留区内原有自然生态系统，保护好河湖湿地生境，严格限制非生态型河湖岸工程建设范围，禁止任何建设项目阻断自然河道；

加强区域性生态、绿色廊道和生态屏障规划建设，完善城市绿地系统和生态屏障体系，防止城城相连摊大饼式开发对生态系统间的联系产生阻隔和切断。

6.4.6 环境重点准入区

（1）主导环境功能

提供健康、安全的生产和生活环境，保障人群健康，防范环境风险。

（2）环境质量与生态保护目标

地表水环境质量达到Ⅲ类标准或水环境功能区要求，地下水质量达Ⅲ类标准以上标准；

环境空气质量达到二级标准；

声环境质量达到 3 类标准或声环境功能区要求；

土壤环境质量达到相关评价标准；

河湖水域面积不减少。

（3）管控措施

调整和优化产业结构，逐步提高区域产业准入条件。严格按照区域环境承载能力，控制区域排污总量和三类工业项目数量。杭州城西科创产业集聚区禁止新建、扩建、改建三类工业项目，严格限制二类工业项目。金华新兴产业集聚区、义乌商贸服务业产业集聚区、衢州绿色产业集聚区、丽水生态产业集聚区和湖州省际承接产业转移示范区等全省主要水系中上游地区环境重点准入区，禁止新建废水排放量较大的以及不符合集聚区产业规划的三类工业项目，禁止扩建、改建有增加水污染物排放和水环境风险的三类工业项目。新建三类工业项目污染物排放水平需达到同行业国内先进水平。

合理规划生活区与工业功能区，限定三类工业空间布局范围，在居住区和工业区、工业企业之间设置防护绿地、生态绿地等隔离带，确保人居环境安全和群众身体健康；

规划建设开发控制区内禁止畜禽养殖；

加强土壤和地下水污染防治；

最大限度地保留区内森林、湿地、湖泊等原有自然生态系统，保护好河湖湿地生境，严格限制非生态型河湖岸工程建设范围，禁止任何建设项目阻断自然河道。

第 7 章　环境功能区划与相关区划
（规划）的关系

环境功能区划是区域生态环境空间管制的基础性、约束性规划。区划从生态环境方面落实区域主体功能要求的控制性规划，与区域土地利用规划、城乡体系规划同属一个空间管制区划层级、侧重不同管控要素。从分级管控来看，环境功能区划既有大空间、大尺度的省级区划，又有可操作、可落地的市县区划；既可体现宏观指导性，又具备落地操作性。从区划功能来看，环境功能区划基于区域环境承载能力和环境功能特征划定功能分区，着重保障区域生态安全和环境健康，是其他各类空间管制规划落实生态环境保护要求的基础性依据。

区划是省域国土空间总体规划的重要组成部分，做好环境功能区划与主体功能区规划、城镇体系规划［城市（县域）总体规划］、土地利用总体规划、环境要素功能区划等其他相关规划（区划）的有机衔接，促进多规融合、一体发展，避免出现环境管理政策和措施上的交叉重复，是确保环境功能区划顺利实施的重要保障。

7.1　与浙江省主体功能区规划的关系

主体功能区规划是根据不同区域的资源环境承载能力、现有开发密度和发展潜力，统筹谋划未来人口分布、经济布局、国土利用和城市化格局，将国土空间划分为优化开发、重点开发、限制开发和禁止开发四大类，确定主体功能定位，明确开发方向，控制开发强度，规范开发秩序，协调空间开发格局。

环境功能区划是推动主体功能区格局形成的基础依据之一。主体功能区规划确定区域开发格局的基本依据就是资源环境承载能力。资源一般是可以跨区域调度，但一个地区的生态环境承载力是由自然规律决定的，是不可人为改变的，这是区域发展的硬约束，因此，生态环境承载力是确定区域开发方向和强度的基础依据。而区域环境承载力是以区域环境功能为基础的。不同的生态环境功能定位，其环境承载力也是不一样。特别是在生态、环境功能保护方面，环境功能区划是基础。

省级环境功能区划与省主体功能区规划对于区域开发的生态环境保护总体要求

是一致的，而环境功能区划使主体功能区规划生态环境保护的总体要求更加具体化和可操作。两者的区划衔接关系如下。

省级自然生态红线区，基本包含了省主体功能区划中的以自然生态环境保护为主的禁止开发区。市县级环境功能区划还要划定一些本地区需要特别保护的区域作为自然生态红线区，包括乡镇一级的集中式饮用水水源保护区等。因此，从自然生态红线区域范围来看，要比省主体功能区划中的禁止开发区域范围更广。

生态功能保障区，主要通过环境功能评价划定，包含了到省主体功能区规中限制开发区域的重点生态功能区和生态经济地区，及一些生态环境功能重要的港湾、海岛等。也包含有部分省主体功能区划中限制开发区域的农产品主产区，及对于象山、三门等沿海具有重要生态保护价值等不以工业开发为主的省级重点开发区域。该区环境功能等级较高，其环境管控措施完全可以保障区域内的农产品生产环境安全。

农产品环境保障区，包括全省大部分集中连片的耕地和园地，这些区域是农产品生产的集中地，包含了省主体功能区划中限制开发区域的大部分农产品主产区。

人居环境保障区、环境优化准入区、环境重点准入区这3类环境功能区主要以维护人群环境健康为主，重点对工业开发环境准入的管控，在空间布局上与省主体功能区规划中的优化开发区和重点开发区格局基本保持一致。省级人居环境保障区主要包括优化开发和重点开发区中省级中心镇和县级以上城市居住、商业为主的区块。省级环境优化准入区主要包括省主体功能区规划优化开发和重点开发区的以工业开发相对成熟、从环保角度需要优化升级的区块，包括现有的开发区（工业园区）和城镇工业功能区块。省级环境重点准入区主要包括省主体功能区规划重点开发区中的产业集聚区等规划工业开发为主的区块。

7.2 与浙江省土地利用总体规划的关系

土地利用规划是用地性质控制和区域空间布局的基础性规划，负责规范同一区域内具体建设项目的用地布局和类别问题。

环境功能区划和土地利用规划两者是属于同一个层级、不同领域的空间管控规划（区划）。环境功能区划是开展土壤环境保护的基础依据，是土地开发利用环境约束条件的细化和落实。土壤环境保护是环境保护工作的基本内容之一，环境功能区划将区域土壤环境保护目标和管控要求进行了具体明确，是土地利用规划开展土地利用和保护必须参照的基本依据之一，并约束着区域的土地开发和利用。

环境功能区与土地利用布局有着密不可分的关系。一般来说，在自然生态红线区和生态功能保障区内，集中了大部分的林地、水域和滩涂沼泽，以及部分的耕地和园地；在农产品环境保障区内，主要以耕地和园地为主；在人居环境保障区、环境优化准入区和环境重点准入区内，则以建设用地为主。但环境功能区是个综合性的区域，且区域的范围较大，各个环境功能区内不仅局限于这些主要用地类型，还掺杂着各类用地。

省级环境功能区划，根据土地利用规划中全省的耕地布局情况，将集中连片的耕地划为省级农产品环境保障区。

另外，在各类环境功能区内使用土地时，仍需按照土地利用类型合理地利用土地；而在使用各类土地时，也需要按照土地所在环境功能区的管控措施要求进行使用。

7.3　与城镇体系规划（城镇总体规划）的关系

城镇体系规划，是在一定时期内，以区域生产力合理布局和城镇职能分工为依据，确定浙江省不同人口规模等级和职能分工的城镇的分布和发展规划。它与环境功能区划属于一个规划层级、不同领域的规划。

城镇体系规划（城市总体规划）为环境功能区划划分人居环境保障区、环境优化准入区和环境重点准入区提供了依据。根据《浙江省城镇体系规划（2010—2020）》，"三群四区七核五级"是浙江省城市化发展的重点，是浙江省未来主要的经济增长点和人口集聚点，城乡居民点体系是主要的人口集中聚居点。省级环境功能区划中，将省级中心镇以上城镇规划的居住、商业和科教的集中区域划为人居保障区。"三群四区七核"中的中心城市、地区中心城市、县（市）域中心城市和中心镇均划分了人居环境保障区。

根据城镇体系规划，环杭州湾地区将形成国际重要的先进产业集聚区和新兴的现代化城市连绵区，温台沿海地区形成我国沿海重要先进制造业集聚区，金衢丽地区形成新兴特色制造业基地、重要的绿色农产品生产基地和著名的生态旅游休闲基地。省级环境功能区划将环杭州湾地区、金衢丽的内陆丘陵盆地和温台沿海地区划为了环境优化准入区，将其中的省级产业集聚区划为了环境重点准入区。

对于浙江省城镇体系规划中的已建区、适建区、限建区和禁建区等四类管制区，各类环境功能区与之也进行了一定的对比衔接。禁建区除了临时性行政许可的地区外，其余与环境功能区划中的自然生态红线区基本符合，大部分可划为自然生态红线区。已建区和适建区是城镇和产业发展的集中区域，是环境功能区划中重点划定人居环境保障区、环境优化准入区和环境重点准入区的区域。限建区根据实际现状，可划为生态功能保障区、农产品环境保障区和生态红线区。

同时，环境功能区划也是城镇体系规划布局的依据之一。环境功能区划通过对区域资源环境状况的评价，科学合理地对区域的环境功能进行了定位，明确了区域的环境保护方向和产业发展导向，指出了适合城市建设和产业集聚的区域，为城镇体系的规划布局提供了依据。环境功能区划中的工业分类发展引导要求，将约束城市总体规划中的工业布局。

环境功能区划是城镇体系规划环境保护内容的基本依据。城镇体系规划也包含了区域环境保护的要求。环境功能区划中的人居环境保障区、环境优化准入区和环境重点准入区是保障人群健康的重点区域，也是城镇体系规划的重点区域。环境功能区划对各个功能区的环境质量要求、污染防治要求进行了明确，是城镇体系规划和城镇总体规划编制环境保护内容的基本依据。

7.4 与其他规划的关系

7.4.1 与环境要素功能区划的关系

环境功能区划是一项环境保护领域的区域性、综合性、基础性的区划，它对区域环境功能进行了概括性的总结，其提出的环境目标和管控要求是实现区域环境功能的最低要求。在编制各要素环境功能区划、建立各类环境功能区时，均需以环境功能区划为基本依据，制定相应的环境目标。

各要素环境功能区划和各类环境功能区是环境功能区划的细化和落实，并为分阶段开展环境保护工作，实现环境质量目标提供科学依据。

环境功能区划在编制时，充分衔接生态功能区划中的重要生态功能区，对全省具有重要生态功能的区域进行初步的判定，是划定生态功能保障区的重要参考依据之一。

为了达到保护人体健康、防止噪声污染的目的，环境功能区划在人居环境保障区、环境优化准入区和环境重点准入区的环境质量目标中明确实行声环境功能区的标准。

环境功能区划在所有功能区目标中，明确了环境空气功能区的保护要求和地表水所应达到的地表水环境质量标准。一般来说，自然生态红线区和生态功能保障区实行环境空气功能区一类标准，其他区域实行二类标准。自然生态红线区要求地表水达到Ⅰ类标准或水环境功能区要求；生态功能保障区要求地表水达到Ⅱ类或水环境功能区要求；其他功能区要求地表水达到Ⅲ类或水环境功能区要求。部分特殊区域会执行不同的要求，如江河源头等。

鉴于海域生态环境问题的特殊性，借鉴《全国环境功能区划纲要》对海洋区域的处理办法，浙江省环境功能区划中不再单独划定浙江省海域的环境功能区。海洋功能区保护的具体要求参照《浙江省海洋功能区划（2011—2020 年）》执行。

7.4.2　与环境保护规划的关系

环境功能区划是其他各类环境保护规划编制和实施的基础，在空间管控上对环境保护规划起到重要的指导作用。环境功能区划对环境保护工作的实践指导具有长期的特点，突破了环境保护规划中的时间限制，不仅考虑未来几年内的环境保护目标，还要为区域长期的发展目标和防线给予指导性建议。各级环境保护规划基于环境功能区划的空间引导要求，围绕环境功能区划制定的功能区目标制定阶段性目标，分级提出环境保护和生态建设措施，是落实环境功能区划目标和要求的重要途径。从效用来看，环境功能区划更侧重控制性和约束性，环境保护规划更侧重引导性和指令性。

第8章 环境功能区划的管理

环境功能区划编制发布后的管理，是有效发挥区划作用的重要一环，要从区划的法律地位、报批与调整程序、实施评估与考核管理等方面，建立相应的制度，确保区划顺利实施。

8.1 环境功能区划的法律定位

环境功能区划是在主体功能区规划的基础上、侧重针对环境问题的区域差异性和自然环境的空间分异规律、提出细化的环境管理措施，是落实主体功能区战略的具体实践。目前关于环境功能区划尚无明确的法律定位，亟需在下一步的工作中予以明确，可以借鉴《上海市环境保护条例》（2006）明确了环境功能区划的法律地位。《条例》明确"各级人民政府及其有关部门在组织区域开发建设时，应当符合环境功能区划的要求。凡不符合环境功能区划的建设项目，不得批准建设；环境质量达不到环境功能区划要求的地区，应当进行区域环境综合整治"；《浙江省水污染防治条例》（2008）中规定"省环境保护、水行政主管部门应当会同省有关主管部门根据生态环境功能区规划和水资源禀赋、环境容量等情况，编制《浙江省水功能区、水环境功能区划分方案》""县级以上人民政府应当根据生态环境功能区规划和流域、区域水污染防治规划，安排产业布局、调整经济结构、规范开发建设，协调推进区域经济社会发展和水环境保护工作"；《浙江省重点建设项目管理办法》（2010）中也明文规定"重点建设项目需要使用土地或者海域（水域）的，其项目选址和设计应当符合土地利用总体规划、城乡规划、生态环境功能区规划、海洋功能区划和水域保护规划"。

建议在制定《浙江省环境保护条例》或相关法律法规中明确，环境功能区划是制定区域经济发展规划、环境保护规划以及污染治理和生态环境保护的重要依据，是我国环境保护和管理的体制创新，具有基础性的地位。环境功能区划应当作为建设项目审批以及规划环境的重要依据。经济、农业、林业、国土、水利等部门的有关区划、规划的编制和实施必须将环境功能区划作为前置条件，区划和规划中涉及自然资源利用和生态环境保护的内容，必须与环境功能区划相衔接。

8.2　环境功能区划的报批与调整

8.2.1　其他部门有关规划的报批与调整

（1）土地利用总体规划的审查报批与调整

《土地管理法》第二十一条规定，土地利用总体规划实行分级审批。有土地利用总体规划审批权的机关分别为：国务院、省级人民政府或省级人民政府授权的设区的市、自治州人民政府。

1）报国务院批准的

①省、自治区、直辖市的土地利用总体规划。

②省、自治区人民政府所在地的市、人口在一百万以上的城市以及国务院指定的城市的土地利用总体规划，经省、自治区人民政府审查同意后，报国务院批准。

2）报省级政府审批的

国务院批准权限以外的土地利用总体规划，逐级上报省、自治区、直辖市人民政府批准。

3）授权审批的

乡（镇）土地利用总体规划可以由省级人民政府授权的设区的市、自治州人民政府批准。

土地利用总体规划审查报批，应当提交下列材料：规划文本及说明；规划图件；专题研究报告；规划成果数据库；其他材料，包括征求意见及论证情况、土地利用总体规划大纲审查意见及修改落实情况、公众听证材料等。

《土地管理法》第二十六条规定，"经批准的土地利用总体规划的修改，须经原批准机关批准；未经批准，不得改变土地利用总体规划确定的土地用途"。

经国务院批准的大型能源、交通、水利等基础设施建设用地，需要改变土地利用总体规划的，根据国务院的批准文件修改土地利用总体规划。

经省、自治区、直辖市人民政府批准的能源、交通、水利等基础设施建设用地，需要改变土地利用总体规划的，属于省级人民政府土地利用总体规划批准权限内的，根据省级人民政府的批准文件修改土地利用总体规划。如果经省、自治区、直辖市批准的建设用地项目，改变土地利用总体规划是由国务院批准的，则仍需报国务院批准修改。

根据《土地管理法》规定，修改土地利用总体规划的，由原编制机关根据国务院或省、自治区、直辖市人民政府的批准文件修改，修改后的土地利用总体规划应当报原批准机关批准。上一级土地利用总体规划修改后，涉及修改下一级土地利用总体规划的，由上一级人民政府通知下一级人民政府做出相应修改，并报原批准机关备案。

（2）城市总体规划的审查报批与修改

《中华人民共和国城乡规划法》的第二章"城乡规划的制定"中的相关内容如下：

1）城镇体系规划

全国城镇体系规划由国务院城乡规划主管部门报国务院审批。

省、自治区人民政府组织编制省域城镇体系规划，报国务院审批。

省、自治区人民政府组织编制的省域城镇体系规划，城市、县人民政府组织编制的总体规划，在报上一级人民政府审批前，应当先经本级人民代表大会常务委员会审议，常务委员会组成人员的审议意见交由本级人民政府研究处理。

2）城市总体规划

直辖市的城市总体规划由直辖市人民政府报国务院审批。省、自治区人民政府所在地的城市以及国务院确定的城市的总体规划，由省、自治区人民政府审查同意后，报国务院审批。其他城市的总体规划，由城市人民政府报省、自治区人民政府审批。

县人民政府组织编制县人民政府所在地镇的总体规划，报上一级人民政府审批。其他镇的总体规划由镇人民政府组织编制，报上一级人民政府审批。

镇人民政府组织编制的镇总体规划，在报上一级人民政府审批前，应当先经镇人民代表大会审议，代表的审议意见交由本级人民政府研究处理。

规划的组织编制机关报送审批省域城镇体系规划、城市总体规划或者镇总体规划，应当将本级人民代表大会常务委员会组成人员或者镇人民代表大会代表的审议意见和根据审议意见修改规划的情况一并报送。

城乡规划报送审批前，组织编制机关应当依法将城乡规划草案予以公告，并采取论证会、听证会或者其他方式征求专家和公众的意见。公告的时间不得少于三十日。

组织编制机关应当充分考虑专家和公众的意见，并在报送审批的材料中附具意见采纳情况及理由。

3）城乡规划的修改

《中华人民共和国城乡规划法》中第四章"城乡规划的修改"相关内容如下：

有下列情形之一的，组织编制机关方可按照规定的权限和程序修改省域城镇体系规划、城市总体规划、镇总体规划：

——上级人民政府制定的城乡规划发生变更，提出修改规划要求的；

——行政区划调整确需修改规划的；

——因国务院批准重大建设工程确需修改规划的；

——经评估确需修改规划的；

——城乡规划的审批机关认为应当修改规划的其他情形。

修改省域城镇体系规划、城市总体规划、镇总体规划前，组织编制机关应当对原规划的实施情况进行总结，并向原审批机关报告；修改涉及城市总体规划、镇总体规划强制性内容的，应当先向原审批机关提出专题报告，经同意后，方可编制修改方案。

8.2.2　环境功能区划的报批

借鉴土地利用总体规划和城市规划的审查报批流程，提出环境功能区划的审查报批流程如下：

（1）市、县级环境功能区划的编制与报批

市、县政府分别组织编制对应的环境功能区划；

召开听证会、论证会对环境功能区划进行论证；

市、县政府提交环境功能区划与对应的市、县人大进行审核；

若市、县人大决议审核不通过对应的环境功能区划，则区划退回对应市、县政府进行修改；

若市、县人大决议审核通过的环境功能区划，其中县级环境功能区划应由县政府整理并提交市政府汇总；市政府负责收集辖区内所有县级和市级环境功能区划，整理汇总后上报省政府进行审批；

若省政府决议审批不通过该市、县级环境功能区划，则区划退回市政府或经市政府到县政府进行修改；

若省政府决议审批通过该市、县级环境功能区划，则正式推行实施。

（2）省级环境功能区划的编制与报批

省政府组织编制省级环境功能区划；

召开听证会、论证会对省级环境功能区划进行论证；

省政府提交省级环境功能区划于省人大进行审批；

若省人大决议审批不通过该环境功能区划，则区划退回省政府进行修改；

若省人大决议审批通过该环境功能区划，则正式推行实施。

环境功能区划报送审批前，均应组织编制机关依法将市、县环境功能区划草案予以公告，并采取论证会、听证会或者其他方式征求专家和公众的意见。公告的时间不得少于30日。

环境功能区划审查报批，应当提交下列材料：区划文本、登记表以及说明；区划图件；专题研究报告（省级区划需提供，市、县级不需提供）；区划成果数据库；其他材料，包括征求意见及论证情况、环境功能区划审查意见及修改落实情况、公众听证材料等。

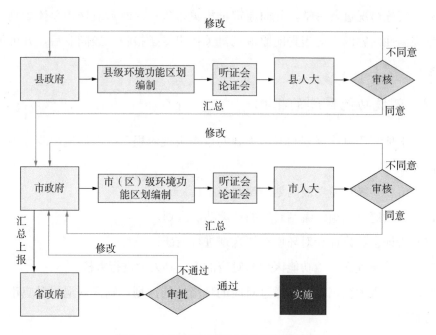

图8-1　市县级环境功能区划报批流程

图8-2　省级环境功能区划报批流程

8.2.3 环境功能区划的调整

初步拟定采用分类调整的原则，根据不同的环境功能区类型提出不同的调整条件、程序和要求，总体上以不影响区域环境健康、不损害区域环境功能为前提条件，且环境功能区划涉及重大调整，必须进行生态和环境影响评价。

（1）省级区划进行修编

省级区划进行修编需经过省人大审核批准，通过的方可施行；省级区划修改后，涉及修改市县级区划的，由省政府通知相关市、县政府做出相应修改。

（2）市、县级区划进行修编

市、县级区划进行修编需经省政府授权市政府审核批准，通过的方可施行，且修编方案报省政府备案。

对于相关参考依据（法律、规划、区划等）进行调整修改的，本区划中相衔接的部分也自动同步调整，相关资料送省环境保护行政主管部门备案，不需另行报批，仅在区划修编时统一进行文字更新，不需等到区划修编才做修改，保证区划的时效性。一般，由于该种情况而同步调整区划的，在调整中被缩小的区域以及直接被取消的功能小区，应自动并入附近相邻的功能小区。

（3）大型基础设施建设需要调整区划

大型基础设施建设需要调整区划应分两种情况：一种是经国务院批准的大型能源、交通、水利等基础设施建设用地和需修改环境功能区划的，可根据国务院的批准文件修改相应环境功能区划，修改方案报省政府备案。另一种是经省、市、县政府批准的能源、交通、水利等基础设施建设用地和需修改环境功能区划的，需根据相应批准文件，提交省政府讨论，批准后方能修改相应环境功能区划。

（4）其他情况

其他情况下需调整各环境功能小区的应满足如下条件：

自然生态红线区：对于根据明确法律、条例、规划确定的自然生态红线区，例如，世界文化遗产和自然遗产、自然保护区（省级和国家级）、风景名胜区（省级和国家级）、森林公园（省级和国家级）、地质公园（省级和国家级）、重要湿地和饮用水源地（县级、市级），可依据法律、条例、规划调整修编后的区域范围、面积、数量对相应环境功能小区进行调整。对于根据生态重要性评价和生态敏感性评价结果划分的自然生态红线区，一般不予调整，若需要调整，必须给出该地区生态重要性或生态敏感性等级降低的科学依据。

生态功能保障区：对于根据江河源头和重要水源补给区确定的水源涵养区以及根据濒危珍稀动植物分布确定的生物多样性保护区，一般不予调整，若需要调整，必须给出该地区生态功能重要性降低的科学依据。对于土壤侵蚀敏感性高、水土流失严重的水土保持区，若需调整，必须提供该小区经过整改后水土流失有明显改善的说明（包括森林覆盖率、水土流失次数和面积、重大生态灾难次数等）以及调整为其他环境功能区的理由，理由充分者，可以申请功能区调整（非环境重点准入区和环境优化准入区）。

农产品安全保障区：对于根据明确规划、区划确定的粮食及优势农作物主产区和渔业养殖捕捞区，可依据相应规划、区划调整修编后的区域范围、面积、数量对相应环境功能小区进行调整。对于根据实际农业或渔业自然聚集情况而划定的粮食及优势农作物主产区和渔业养殖捕捞区，若需要调整，则必须提供该小区不再适合进行农业种植或渔业捕捞的说明（包括农田土壤质量变化、水环境质量变化、捕捞产量变化等）以及调整为其他环境功能区的理由，理由充分者，可以申请功能区调整（非环境重点准入区）。

人居环境保障区：对于根据明确规划、区划确定的人居环境保障区，可依据相应规划、区划例行调整修编后的区域范围、面积、数量对相应环境功能小区进行调整。对于根据实际情况划定的人居环境保障区，若需要调整，则必须提供该小区不再适宜居民居住的说明（包括人口迁出率、大气环境质量、水环境质量等）以及调整为其他环境功能区的理由，理由充分者，可以申请功能区调整（非环境重点准入区）。其中，若需要调整为环境优化准入区，必须保证不增加区域污染物排放总量。

环境优化准入区：对于根据明确规划、区划确定的环境优化准入区，可依据相应规划、区划例行调整修编后的区域范围、面积、数量对相应环境功能小区进行调整。对于根据实际工业聚集情况划定的环境优化准入区，若需要调整，则必须提供该小区不再适宜进行工业发展的说明（包括主要产业转变、人口流动情况、大气环境质量、水环境质量等）以及调整为其他环境功能区的理由，理由充分者，可以申请功能区调整。其中，若需要调整为环境重点准入区，必须保证不增加区域污染物排放总量。

环境重点准入区：原则上鼓励环境重点准入区调整为其他任何环境功能区。

8.3 环境功能区划实施评估方法

为了综合评价环境功能区划的实施落实情况，督促与鼓励地方政府积极进行环境保护，并为下一步的环境功能区划修编提供科学依据，研究并建立浙江省环境功能区划的实施评价方法。综合借鉴城市总体规划、土地利用总体规划、海洋功能区划等规划、区划的实施评价方法，以定性和定量相结合的方式评估区划执行效果。

8.3.1 评价准则

区划实施结果评价指标与评价方法必须符合以下标准：

1）科学性，参考国内外有关的规划实施指标的研究成果，确保评价指标的选取有明确的科学内涵，能够反映区域发展的状况，评价方法必须有严谨的逻辑。

2）可操作，评价方法必须可操作、可重复，评价所需数据必须可获取、有依据。挑选主要的、对区划评价影响较大的指标，在保证全面反映系统的特征和实质的情况下，使指标数目达到可以操作的程度。

3）可对比，指标在一定地域和时间范围内具有可比性，能反映区划实施效果的优劣程度。

4）可量化，指标中定量指标可以直接量化，定性指标可以间接赋值量化，易于分析计算。

8.3.2　评价指标建立

利用层次分析法和德尔菲法确定考核指标与权重。

实施评价分为两层进行，目标层为浙江省环境功能区划实施结果评价；子目标层分别针对自然生态红线区、生态功能保障区、农产品安全保障区、人居环境保障区、环境优化准入区、环境重点准入区六大分区的区划实施结果进行评价。

根据区划的目的与区划实施方法，将子目标层下的准则层主要分为环境质量目标达标情况、生态保护目标达标情况以及环境整改措施落实情况三类。

而准则层下的指标设置，需要考虑六类分区的不同主导功能，应当根据六类环境功能区的环境目标达成情况（或达标改善情况）、负面清单落实情况和管制措施落实情况等制定具有针对性的六套评价指标。

所选指标必须能够反映区域环境质量改善的成果，以及区域为达到相应环境目标作出的努力与成果。指标均为控制性指标，只有是和否（有和无）两种结果，例如"水域面积是否减少"。

对于各指标的确定主要遵循以下规则：

自然生态红线区的指标必须体现重要自然生态系统不可侵犯、不可破坏的要求。指标应当包含湖泊、大气、一级与二级饮用水源保护区环境质量目标的达标情况；森林、水域面积变化、覆盖程度等生态保护目标的达标情况；工业企业、畜禽企业搬迁、关停等环境整改的落实情况。指标标准必须考虑饮用水源地、森林公园、湿地、太湖流域管理条例等相关法律法规以及区划管控措施，保证高标准、严要求、零例外。

生态功能保障区的指标必须体现生态环境保护以及矿山生态修复重要性。指标应当包含地表水、大气环境质量的达标情况；森林、绿地、水域面积变化、覆盖程度等生态保护目标的达标情况；二类和三类工业项目、畜禽企业搬迁、关停以及矿山生态修复等环境整改的落实情况。指标标准必须考虑湿地、公路、水土保持、太湖流域管理条例等相关法律法规以及区划管控措施，保证符合实际、能够达成。

农产品安全保障区的指标必须体现农业种植和水产养殖的环境保护要求。指标应当包含地表水、渔业区水环境、大气环境、农田土壤环境质量的达标情况；基本农田保护情况、水域面积变化等生态保护目标的达标情况；三类工业项目搬迁、关停等环境整改的落实情况。指标标准必须考虑种植业、水产养殖、土壤环境保护、太湖流域管理条例等相关法律法规以及区划管控措施，保证符合地区农业的发展需求，同时也保障地区环境的健康发展。

人居环境保障区的指标必须体现保障人居环境安全、降低居民健康风险的要求。指标应当包含地表水、地下水、大气环境、噪声等环境质量的达标情况；水域面积变化、城市绿地覆盖程度、建设用地范围大小等生态保护目标的达标情况；畜禽养殖企业关停、工业企业排污纳管、二类和三类工业项目搬迁、关停等环境整改的落实情况。指标标准必须考虑主体功能区划、土地利用总体规划、城市总体规划、城镇体系规划、太湖流域管理条例等相关规划条例以及区划管控措施，保证人居环境不受破坏、生态环境能向好发展。

环境优化准入区的指标必须体现区域优化发展的主旨，总量必须控制、污染不能加剧。指标应当包含地表水、大气环境、噪声等环境质量的达标情况；城市绿地覆盖程度等生态保护目标的达标情况；畜禽养殖企业关停、工业企业排污纳管、三类工业项目提升、改造等环境整改的落实情况。指标标准必须考虑工业区发展规划、产业带发展规划等相关规划条例以及区划管控措施，保证约束污染加剧，逐步恢复区域环境。

环境重点准入区的指标必须满足区域发展的需求，但同时满足总量控制、环境优化的要求。指标应当包含地表水、大气环境、噪声等环境质量的达标情况；城市绿地覆盖程度等生态保护目标的达标情况；畜禽养殖企业关停、工业企业排污纳管、重点排污企业废气在线监测装置安装等环境整改的落实情况。指标标准必须考虑工业区发展规划、产业带发展规划、太湖流域管理条例等相关规划条例以及区划管控措施，保证约束污染加剧，逐步恢复区域环境。

8.3.3 评价指标核算与归一化方法

评价指标核算采用标准值（SODS）处理法，分两类进行核算。达成性指标运用公式 8-1 进行核算，控制性指标运用公式 8-2 进行核算。

评估使用的实际数据（x^i）应来源于省测绘局定期更新的遥感数据（DOM、DEM、DLG）、统计年鉴数据（浙江省统计年鉴、浙江省环境统计年报等）、省监测站的监测数据等经过认可的数据，或来自评估主体专业人员实地调研并认可的一手数据。

指标评估核算方法如下：

$$P_i = \begin{cases} 100 & (x_i = 否) \\ 0 & (x_i = 是) \end{cases} \tag{8-1}$$

式中，P_i 为指标量化值；x_i 为对应评价指标的判断。各指标核算完毕后，利用式（8-2），可得到相应准则层的量化值。

$$S_n = \sum_i P_i \times w_i \tag{8-2}$$

式中 S_n 为准则层 n 的量化值；w_i 为指标 i 的权重。各准则层核算完毕后，利用式（8-3），可得到得到相应子目标层的量化值。

$$G_m = \sum_n S_n \times w_n \tag{8-3}$$

式中 G_m 为子目标层 m 的量化值；w_n 为准则层 n 的权重。各子目标层核算完毕后，利用式（8-4），可得到得到最终目标层浙江省环境功能区划实施情况的量化值。

$$A = \sum_m G_m \times w_m \tag{8-4}$$

式中 A 为目标层量化值；w_m 为子目标层 m 的权重。

根据以上归一化核算，最终可得到各子目标层（四类环境功能区）的区划实施评估结果以及目标层（浙江省环境功能区划实施情况评估）的评估结果。

8.4　环境功能区划考核管理

为加快实施浙江省环境功能区划的实施、落实环境污染治理责任制、规范空间开发秩序、优化空间开发结构，对浙江省环境功能区划整体实施评估结果制定相应的考核与奖惩措施。

8.4.1　考核办法

浙江省环境功能区划实施结果评估主体为浙江省人民政府。

根据浙江省测绘与地理信息局的测绘数据更新频率，建议省级区划评估频率为

5 年一次，考核年份 12 月 31 日前完成所有评估考核，结果上报省人大，经人大同意后向社会公告。市、县（市、区）两级政府要重点加强对区划实施后的环境功能目标实现情况、生态保护红线执行情况和各项措施管控效果进行评估，及时完善分区差别化管理工作。市、县级环境功能区划的执行情况纳入党政领导班子综合考核和生态省建设考核评价体系。

根据表 8-1，可将子目标层（六类环境功能区）的区划实施结果以及目标层（浙江省环境功能区划实施情况评估）的评估结果分为优秀、良好、合格、不合格四个等级。

表 8-1 实施评价结果分类

评价结果	优秀	良好	合格	不合格
分数要求	$A \geqslant 90$	$90 \geqslant A \geqslant 75$	$75 \geqslant A \geqslant 60$	$A \leqslant 60$
	$G_m \geqslant 90$	$90 \geqslant G_m \geqslant 75$	$75 \geqslant G_m \geqslant 60$	$G_m \leqslant 60$

8.4.2 奖惩措施

各市（区）人民政府是实施省级环境功能区划的责任主体，要切实加强本行政区域内区划实施工作的组织领导，将相关小区目标、任务分解落实到市、县级人民政府，并纳入地方国民经济和社会发展计划组织实施。

目标层（浙江省环境功能区划实施情况评估）的评估结果若为良好、合格或不合格，需进一步评价子目标层（四类环境功能区）的各自实施结果，筛选评价结果最差的一个分区，进行每个功能小区评价，具体流程见图 8-3。

对评价结果为优秀的分区对应的主管责任部门进行通报表扬，并提供政策倾斜，如生态补偿等；

对评价结果为不合格的分区中排位 1%～70%的小区对应主管责任进行通报警告，督促加紧整改；

对评价结果为不合格的分区以及分区中评价结果排位倒数 30%的小区对应的主管责任部门通报批评，责令限期整改，并执行区域限批；相关部门、单位不能参加评优树先活动；相关市、县政府主要负责人不予提拔重用；责任国有企业的主要负责人不得享受年终考核奖励、不得担任各级党代表、人大代表和政协委员。对因环境功能区划执行不到位，导致区域环境违法问题严重、环境纠纷多发的，暂停审批该地区除民生保障、污染防治以及生态保护以外的建设项目。

另外，对在考核工作中徇私受贿的考核责任人以及贿赂舞弊的地区，予以通报批评，对直接责任人员要严肃处理。

对违反程序和技术规范擅自调整或修改环境功能区划等行为，要坚决纠正，并严肃追究相关责任人的行政责任；涉嫌违法的，移送司法机关追究法律责任。

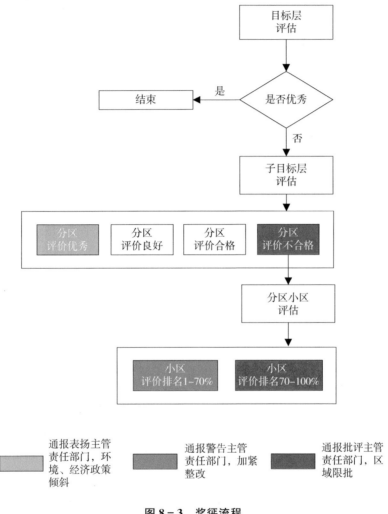

图 8-3　奖惩流程

8.5　信息管理与公开

8.5.1　数据库管理

要建立省级层面环境功能区划的动态数据库，包含区划范围、环境质量状况、生态保护状况、经济发展状况等。除生态红线适时更新外，每次考核更新一次数据库。所有数据纳入省级信息公开平台，公众能够随时查询与了解相关功能区管控要求和环境现状。

各地区环境功能区划要建立环境功能区矢量地图数据库，包括基于评价单元的统计数据、地理信息矢量数据、评价要素栅格数据等环境功能区划基础数据，主要供区划使用的查询。各地区环境功能矢量数据库要接入省级环境功能区划数据库。

8.5.2 信息公开管理

环境功能区划编制过程和颁布实施后，均实行信息公开和公众参与制度。在环境功能区划编制过程中，须公开有关环境功能区划的信息，采取调查公众意见、咨询专家意见、座谈会、论证会、听证会等形式，公开征求公众意见，通过多渠道、多形式对环境功能区划进行宣传，明确区划的意义和重要性，开展相关知识的宣传和敉育，在区划中尽量满足公众对环境的诉求。

区划成果颁布实施后须纳入省环保信息管理平台进行管理，向社会公开区划方案，向不同级别利益相关者公开相关区划成果查询和展示平台。公众可以在有关信息公开后，以信函、传真、电子邮件或者有关公告要求的其他方式，向当地环保部门提交相关意见。

8.6 需要配套的相关制度

8.6.1 环境审批制度

各级相关部门在所辖范围内的生态环境保障区、农产品安全保障区以及聚居环境保障区进行相关的一类、二类、三类工业项目新建、扩建、改建项目时，必须根据地区环境承载力，坚持严格准入、限制开发的原则，实行更有针对性的产业准入和环境准入政策与标准，提高各类开发项目的产业和环境门槛，严格依照相关法律法规以及本区划的管控措施、负面清单等进行建设项目环保审批。按规定制作《环境影响报告书》《环境影响报告表》《环境影响登记表》。

（1）有色金属冶炼及矿山开发、钢铁加工、电石、铁合金、焦炭、垃圾焚烧及发电、制浆等对环境可能造成重大影响的建设项目环境影响评价文件由省级环境保护部门负责审批。

（2）化工、造纸、电镀、印染、酿造、味精、柠檬酸、酶制剂、酵母等污染较重的建设项目环境影响评价文件由省级或地级市环境保护部门负责审批。

最终通过现场勘查、公众参与、专家研讨等方式，科学判断项目落地可行性，严格把握建设项目准入门槛。

8.6.2 环境执法监管

加强环境执法监督的执行力度，推动农村地区环境执法，促进城乡环境执法一体化，在乡镇、街道和村一级设立环保所，明确机构、编制、人员、职责，大力推进农村地区污染整治。

加强执法现代化，充分利用互联网建设，建立信息化、数字化的执法方式，例如在污染源安装污染物排放在线监测系统等，实时掌控污染物排放情况。结合定期检查、不定期突击检查、污染排查专项行动等，彻底掌握区划范围内污染物排放情况。

严格行政责任追究制度，要求加强区划执行的监督检查，及时追究区划执行过程中的违规行为，对造成严重后果的，要实行区域限批，同时追究责任人的相关责任。

加强违规惩戒处罚力度，对未按照要求进行环境整改或搬迁、依旧违规排放污染物的企业，采取强硬手段，使用按日计罚、断电、断水等措施进行处罚，情节严重者追究刑事责任。

强化生态环境监管。地方各级环境保护部门要从严控制排污许可证发放，严格落实国家节能减排政策措施，保证区域内污染物排放总量持续下降。专项规划以及建设项目环境影响评价等文件，要设立生态环境评估专门章节，并提出可行的预防措施。

强化监督检查，建立专门针对环境功能区的协调监管机制，特别是自然生态红线区、生态功能保障区，对各类资源开发、生态建设和恢复等项目进行分类管理，依据其不同的生态影响特点和程度实行严格的生态环境监管，建立天地一体化的生态环境监管体系，完善区域内整体联动监管机制。

8.6.3 总量控制制度

严格实施《浙江省主要污染物总量减排管理办法》，确定化学需氧量和二氧化硫为总量控制对象，各级环境保护行政主管部门负责主要污染物总量减排的管理。

加快建立适用于浙江省环境功能区划的总量控制实施细则，结合省级环境功能区划数据库以及矢量地图数据库，在对各地区环境资源承载力有系统认识的前提下，科学确定各功能区，特别是环境优化准入区和环境重点准入区的年度污染物消减计划。根据市、县、区级行政区域将消减指标分配到最小控制单元。

各个环境功能分区均需实施总量控制，但不同分区的控制力度不同。自然生态红线区、生态功能保障区以及农产品安全保障区除集镇工业集聚点以外的地区，已存在的工业企业不允许排放污水进入小区内水体；人居环境保障区需要确保现有排污总量不能上升，二类、三类排污企业需要逐步退出；农产品安全保障区中的集镇工业集聚点以及环境优化准入区需要重点实施总量控制措施，原则上排污总量指标应越来越少，直至环境明显好转；环境重点准入区需要严格实施总量控制措施，建设项目环保审批必须以总量替代削减方案落实为前提，改扩建项目的环保审批必须以老项目的"三同时"验收合格通过为前提。

最后，切实落实减排目标责任制，对没有环境容量，达不到环境功能区规划要求的地区，暂停新增污染物总量的建设项目环境影响评价文件审批；对没有完成年度减排任务以及超过总量指标的地区，暂停该区域新增同类主要污染物排放的建设项目环境影响评价文件的审批，直至完成总量减排任务。

8.6.4 生态补偿制度

加快制定出台适用于浙江省环境功能区划的生态补偿相关标准和实施细则，并充分利用已有的规范化的生态补偿制度体系，例如中央森林生态效益补偿基金制度、水资源和水土保持生态补偿机制、矿山环境治理和生态恢复责任制度、重点生态功能区转移支付制度等。

实现生态补偿标准化，完善分类及测算方法，分别制定生态补偿标准，建立生态补偿效益评估方法，制定和完善监测评估指标体系，及时提供动态监测评估信息，逐步建立生态补偿统计信息发布制度，最终纳入省级环境功能区划信息公开平台。

坚持使用资源付费和谁污染环境、谁破坏生态谁付费原则，必须因事制宜，明确特定的补偿责任主体，多个主体的要量化责任。一般地，聚居环境维护区和农产品安全保障区主要着重于经济发展，并享受附近自然生态红线区、生态功能保障区改善区域环境优化做出的成果，因此聚居环境维护区和农产品安全保障区应为补偿责任主体。

8.6.5 空间管制制度

强化区划的功能定位。环境功能区划是落实主体功能区规划的具体实践，是实现生态、经济、环境可持续发展的重要保障，各级政府应当充分发挥环境功能区划的基础性、约束性和龙头性作用，把实施环境功能区划作为履行政府环境保护等法定职责的重要手段，决策区域开发建设活动的重要依据和实施分区差别化管理的基础平台。

明确分级管控要求。浙江省环境功能区划的实施是省级环境功能区划的试点要求，明确了六个分区的范围、主导功能、管控措施等，而各市、县级环境功能区划则由市、县政府编制，根据省级区划的结果进行进一步的细化，是比省级区划更为落地、更具操作性的区划，直接体现了当地的环境状况和污染控制需求，具有直接的指导作用。

实行分区差别化管理。生态保护红线区属于生态环境极敏感、具有特殊保护价值的地区，属于环境禁止准入区。生态功能保障区、农产品安全保障区以及人居环境保障区是生态服务功能重要以及基本无污染产业准入的地区，属于环境限制准入区。现有区域开发建设强度已经较高、污染较重的工业区属于环境优化准入区；工业化发展潜力较大，未来重点开发、产业集聚的区域，属于环境重点准入区。

推行负面清单管理。为方便实施管理、提高准入门槛，区划中将工业行业大致分为一类（基本无污染）、二类（有少量污染）以及三类（重污染）。六个分区中均根据以上三类行业列明了禁止发展的负面清单名录，并且对特殊小区，如河流上游、居民区上风向等，进行负面清单的微调，严格保障生态环境安全。各市、县政府在执行建设项目审批以及相应发展规划时候应当充分考虑本区划负面清单的内容，严把准入第一关，结合循环经济改造，逐步淘汰重污染企业，提升区域环境状况。

第9章 浙江省湖州市区环境功能区划编制案例

为了将环境功能区划落到每一个市县，建立"分区管理、分类指导"的环境管理体系，形成国家、省、市县三级环境功能区划体系，实现环境保护的精细化管理，全省开展了各市县级环境功能区划的编制工作。湖州市作为 4 个试点市县之一，是全国生态文明先行示范区，生态环境质量位于全省市区前列，具有较好的环境基础和经济基础，有助于试点工作的顺利开展。

9.1 湖州市区基本概况

湖州市区位于湖州东部，包括南浔和吴兴（含湖州经济开发区、太湖度假区）两区，北临太湖，东接苏州市、嘉兴市，东西苕溪尾闾，长湖申航道等干河交汇贯穿，杭宁高速、申苏浙皖高速、杭长铁路、318 国道交通干线汇集，区位优势十分明显。

区域总面积 1 562.50km²，吴兴区辖道场 1 个乡，织里、八里店、妙西、埭溪、东林等 5 个镇，月河、朝阳、爱山、飞英、龙泉、凤凰、康山、滨湖、仁皇山、杨家埠、龙溪、环渚等 12 个街道；南浔区辖南浔、练市、双林、菱湖、和孚、善琏、旧馆、千金、石淙等 9 个镇。两区共计 1 乡 14 镇 12 街道。

湖州市地处北亚热带季风气候区。气候总的特点是：季风显著，四季分明；雨热同季，降水充沛；光温同步，日照较多；气候温和，空气湿润。2013 年平均气温 17.3℃，最冷月一月，平均气温 3.7℃，最热月七月，平均气温 28.5℃。极端最高气温 40.9℃，出现在 2012 年 8 月 8 日；极端最低气温－11.1℃，出现在 1969 年 2 月 6 日。2013 年年降水量 1 075.8mm，年降水天数 119d，年日照总时数 2 048.5h，年平均相对湿度在 77.9%。风向季节变化明显，冬半年盛行西北风，夏半年盛行东南风，三月和九月是季风转换的过渡时期，一般以东北和东风为主，年平均风速 2.4m/s。

水利资源丰富，水资源总量 61 281 万 m³。拥有水库 22 座，总蓄水量 4 624 万 m³。供水总量 73 006 万 m³，人均水资源 479.5m³。

有林地面积 32 961hm²，林地面积覆盖率吴兴区达到 50.9%，南浔区达到

39％。森林储蓄量达到 92.48 万 m³。拥有 2 个自然保护区、9 个生态保护小区、1 个湿地示范区。

地势由西南向东北倾斜，西南高峻，东北低平，过度明显。地貌类型基本可以分为平原、丘陵、山地三类，所占面积比例大致为 5：3：2，平原主要位于东部，该区域多湖港；丘陵主要位于中部，该地区多沃土；山地主要位于西部，该地区多森林。主要地带性土壤包括红壤土、黄壤土和水稻土，分别分布于丘陵山区、高海拔山区以及水网、河谷、平原及低丘缓坡地段。

9.2　环境功能综合评价

9.2.1　生态系统敏感性指数

生态系统敏感性的评价主要来源于对土壤侵蚀敏感性和河湖滨岸敏感性两者综合评价。评价结果显示生态系统敏感性评价等级为敏感的区域面积共 88.32km²，占区划总面积的 6％，主要分布在环太湖沿岸、滨湖街道西部、杨家埠街道北部、妙西镇西部以及埭溪镇西部和北部地区。较敏感地区面积共 175km²，占区划总面积 11％，主要分布在东林镇、千金镇、善琏镇、埭溪镇和妙西镇。其余一般敏感地区、

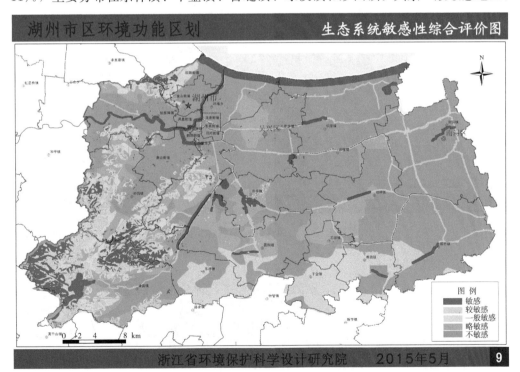

图 9-1　生态系统敏感性评价图示

略敏感地区和不敏感地区的面积占比分别为 6％、13％和 64％。

（1）土壤侵蚀敏感性评价

根据土壤侵蚀方程对区划范围进行评价，其中基础指标中降水侵蚀力根据地区降雨等值线划定；地形起伏度提取于 DEM 图像；植被类型来自区域卫星图片目视解译。

土壤侵蚀较为敏感的区域主要分布在吴兴区，其中极敏感区面积为 42.27km²，零星分布于埭溪镇大部、东林镇西北部、妙西镇东南部与中西部、道场乡中部与西南部、杨家埠街道南部与北部、仁皇山街道西部与南部。土壤侵蚀高度敏感区面积为 106.00km²，零星分布于埭溪镇大部、东林镇西北部、妙西镇东南部、中西部与北部、道场乡中部与西南部、杨家埠街道南部与北部、仁皇山街道西部与南部。其他地区为土壤侵蚀敏感性为一般敏感、略敏感和不敏感区。

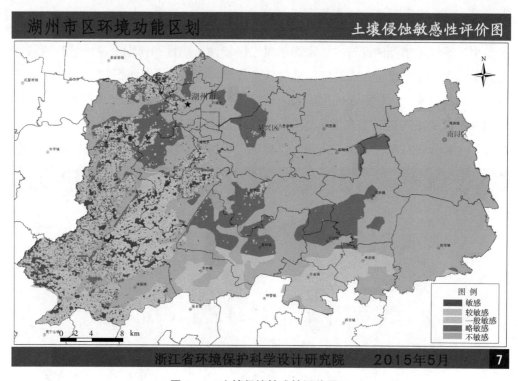

图 9-2　土壤侵蚀敏感性评价图示

（2）河湖滨岸敏感性

河湖滨岸敏感性主要根据各水源水质目标进行评价，特别是饮用水水源的水质目标。

湖滨岸敏感性评价结果为敏感的地区有环太湖滨岸地区、长兜港、老虎潭水库、西苕溪、东苕溪中部、扑水港、龙溪、双林塘、小白漾、运河、善琏等饮用水源保护区，较敏感区为饮用水源保护区外围（相当于准保护区和缓冲带），其余为一般敏感、略敏感和不敏感区。

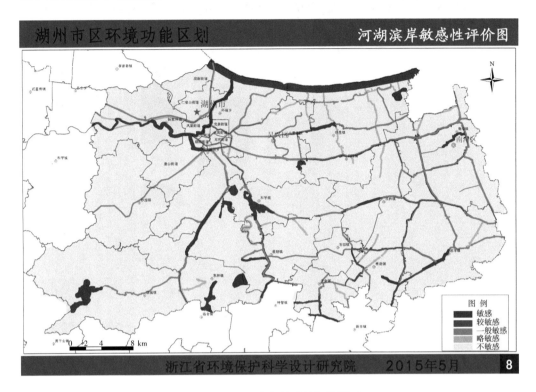

图9-3 河湖滨岸敏感性评价图示

9.2.2 生态系统重要性指数

生态系统重要性的评价主要来源于对水源涵养重要性和生物多样性保护重要性两者的综合评价。评价结果显示生态系统重要性高的地区面积共 69.45km²，主要分布在吴兴区的埭溪镇西部以及南浔区各饮用水水源地。重要性较高地区面积共 467.47km²，占区划总面积 30%，主要分布在南浔区的南浔镇、和孚镇和练市镇以及吴兴区的埭溪镇和妙西镇。其他重要性中等的地区分别占比 20%、46%。

（1）水源涵养重要性

主要根据评价地区在对区域城市流域所处的地理位置，以及对整个流域水资源的贡献来评价。城市水源地、农灌取水区、洪水蓄调的区的地理位置主要来源于《浙江省水功能区水环境功能区划分方案》以及《湖州市水环境功能区划》。

水源涵养重要性评价结果为重要性高的地区主要分布于吴兴区的老虎潭水库、长兜港、东苕溪以及南浔区的一些重点饮用水水源。重要性中等的地区主要分布于吴兴区的埭溪镇、妙西镇、道场乡以及南浔的和孚镇。其他地区的水源涵养重要性低。

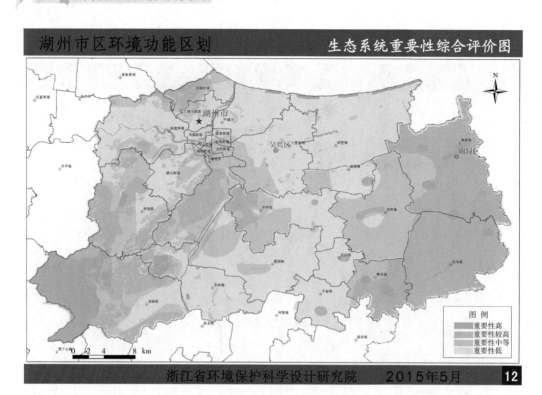

图 9-4　生态系统重要性评价图示

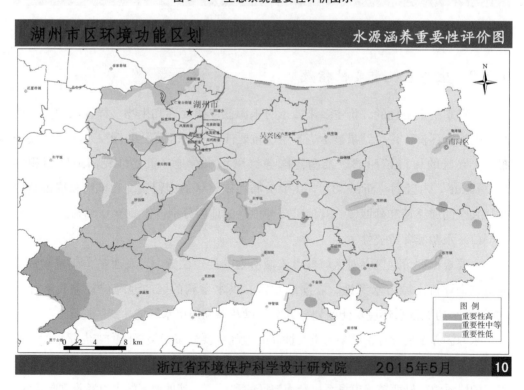

图 9-5　水源涵养重要性评价图示

（2）生物多样性保护重要性

主要根据卫星遥感图目视解译进行评价。结果显示生物多样性保护重要性极重要和中等重要的区域主要集中在吴兴区，总面积达到 297.01km^2，主要分布于埭溪镇大部、妙西镇大部、道场乡中部与南部、仁皇山街道西部、杨家埠街道北部与南部。南浔区仅有一些重要河道属于生物多样性保护重要性中等重要区域，其他地区的生物多样性保护重要性低。

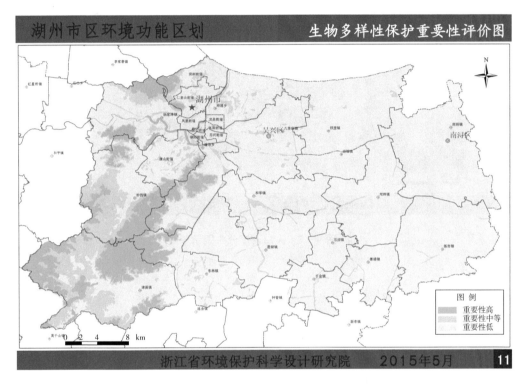

图9-6　生物多样性保护重要性图示

9.2.3　人口集聚度指数

主要根据人口密度进行评价，区划范围各县乡土地面积大小以及 2012 年常驻人口总数数据均来自《湖州市统计年鉴 2012》。人口密度最大地区集中在吴兴区的飞英街道和朝阳街道，其次为龙泉街道、凤凰街、爱山街道以及月河街道，总体来说区划范围东部的人口密度大于西部地区。

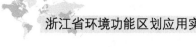
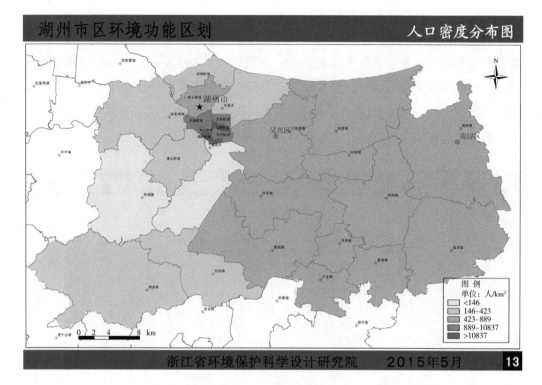

图9-7 人口密度分布图示

9.2.4 污染物排放指数

（1）化学需氧量排放强度

根据单位面积氨氮排放量进行评价，结果显示排放强度最高的地区集中在吴兴区的飞英街道和朝阳街道，化学需氧量排放量大于 27.47t/km²，其次为凤凰街道、月河街道以及龙泉街道，化学需氧量在 11.34～27.47t/km² 之间。其他地区化学需氧量的排放量都相对较低。

（2）二氧化硫排放强度

根据单位面积二氧化硫排放量进行评价，结果显示排放强度最高的地区在南浔区的石淙镇，二氧化硫排放强度大于 13.43t/km²，其次为环渚街道、织里镇、旧馆镇、和孚镇以及月河街道，其排放强度在 8.11～13.43t/km² 之间。其他地区的二氧化硫排放强度相对较低。

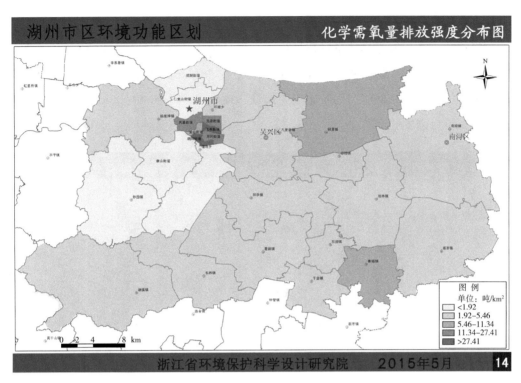

图 9 - 8　化学需氧量排放强度分布图示

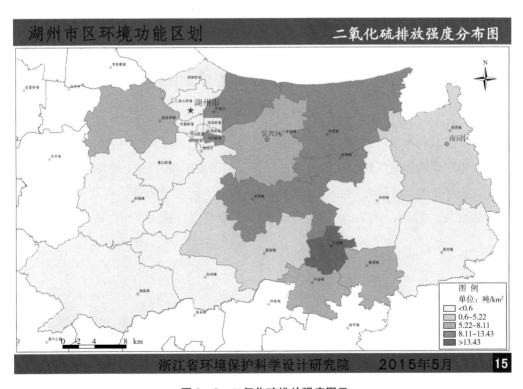

图 9 - 9　二氧化硫排放强度图示

（3）氨氮排放强度

根据单位面积氨氮排放量进行评价，结果显示排放强度最高的地区集中在湖州市中心的飞英街道和朝阳街道，排放强度大于 $4.88t/km^2$，其次为凤凰街道、龙泉街道和月河街道以及南浔区的善琏镇，排放强度在 $2.36\sim4.88t/km^2$ 之间。其他地区的氨氮排放强度相对较小。

图 9－10　氨氮排放强度图示

（4）氮氧化物排放强度

根据单位面积氮氧化物排放量进行评价，结果显示排放强度最高的地区在环渚街道、和孚镇和练市镇，均高于 $4.3t/km^2$，其次为杨家埠街道、菱湖镇、织里镇，排放强度在 $3.19\sim4.3t/km^2$ 之间。其他地区氮氧化物排放强度相对较低。

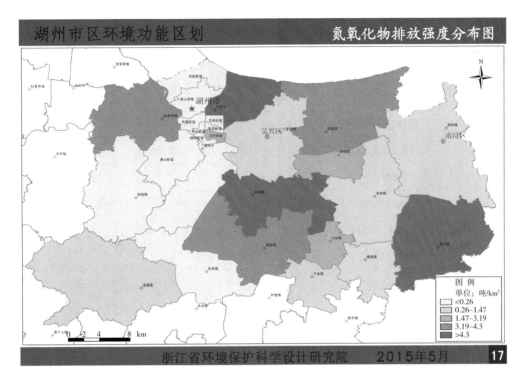

图 9-11 氮氧化物排放强度图示

9.3 环境功能区划方案

湖州市区共划分 6 大类，8 个亚类，共计 51 个环境功能区。

自然生态红线区 11 个，包括森林公园保护区 1 个、饮用水水源保护区 5 个和其他保护区 5 个，总面积 72.65km²，占区划总面积的 4.6%。

生态功能保障区 8 个，主要包括水源涵养区 1 个、水土保持区 1 个和其他保护区 6 个，总面积 470.35km²，占区划总面积的 30.1%。

农产品安全保障区 7 个，主要包括粮食与优势农作物安全保障区 5 个和水产品环境保障区 2 个，总面积 648.94km²，占区划总面积的 41.4%。

人居环境保障区 10 个，总面积 174.05km²，占区划总面积的 11.3%。

环境优化准入区 13 个，总面积 145.47km²，占区划总面积的 9.4%。

环境重点准入区 2 个，总面积 51.04km²，占区划总面积的 3.2%。

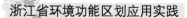

表9-1 环境功能分区统计表

环境功能区名称	亚区名称	数量/个		面积/km²		比例/%	
		小区数量	合计	面积	合计	占小区比例	占总面积比例
自然生态红线区	森林公园保护区	1	11	8.56	72.65	12	4.6
	饮用水水源保护区	5		54.64		75	
	其他保护区	5		9.45		13	
生态功能保障区	水源涵养区	1	8	70.2	470.35	15	30.1
	水土保持区	1		240.4		51	
	其他保护区	6		159.75		34	
农产品安全保障区	粮食与优势农作物安全保障区	5	7	441.08	648.94	68	41.4
	水产品环境保障区	2		207.86		32	
人居环境保障区		10	10	174.05	174.05	100	11.3
环境优化准入区		13	13	145.47	145.47	100	9.4
环境重点准入区		2	2	51.04	51.04	100	3.2
总计		51	51	1562.5	1562.5	100	100

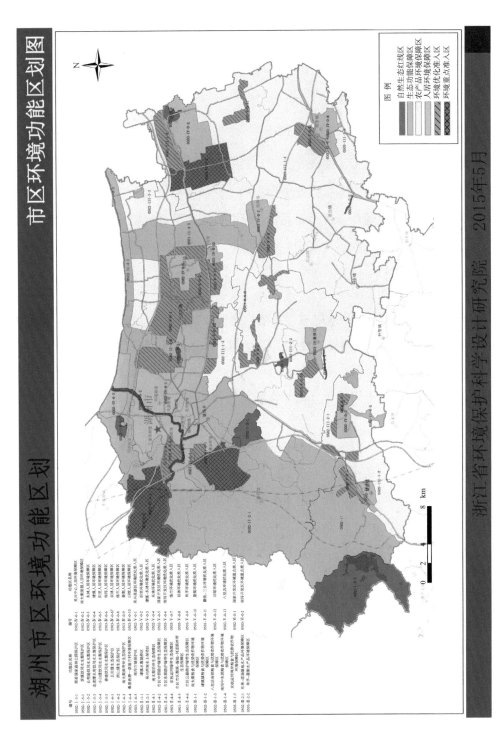

图9-12 湖州市区环境功能区划

9.4 分区管控措施

9.4.1 自然生态红线区

（1）基本概况

湖州市区共有自然生态红线区 11 个，主要分布在龙溪街道、道场乡、南浔镇、和孚镇、菱湖镇、善琏镇等乡镇以及太湖南岸地区的部分区域。

今后新设立的世界遗产和各类自然保护区、风景名胜区、森林公园、地质公园、重要湿地及湿地公园、县级以上饮用水水源保护区及划定生态保护红线，增补进入自然生态红线区相关目录进行管理。

（2）主导环境功能

保存自然文化遗产，保护珍稀濒危动植物物种及其栖息地，维持自然环境本底状态，维护自然生态系统的完整性和可持续发展空间，保障人类生存发展的生态安全底线。

（3）环境质量目标

地表水水环境质量不得低于《地表水环境质量标准》Ⅱ类标准，或达到相应水环境功能区要求；

自然保护区、风景名胜区大气环境质量达到《环境空气质量标准》一级标准，其他自然生态红线区达到相应环境功能区要求；

土壤环境质量达到《土壤环境质量标准》一级标准，或达到相应土壤环境功能区要求；

水生态系统、生物多样性、森林质量和特定保护对象维持原始状态或得到改善。

（4）管控措施

严格按照相关的法律法规及管理条例进行管理和保护；

禁止一切工业项目进入，现有的要限期关闭搬迁；

自然保护区的核心区、缓冲区，饮用水源的一级保护区和其它保护区的核心区，禁止畜禽养殖；其它自然生态红线区域禁止经营性畜禽养殖；

禁止建设其它不符合保护区法律法规和规划的项目，现有的应限期改正或关闭。

9.4.2 生态功能保障区

（1）基本概况

湖州市区有生态功能保障区 8 个，分布在埭溪镇、妙西镇、环太湖地区、中东部绿廊、京杭运河以及平原河网、公路网等区域。

根据今后新设立的高速、国道等重要交通干道，增补进入生态功能保障区相关目录进行管理。

（2）主导环境功能

提供水源供给、调节和涵养生态服务，维持河流湖泊的水环境和生态安全；保持土壤，减少水土流失；保护生物多样性，为珍稀的野生动植物及其他生物提供赖以生存的栖息地和环境，维持生态系统结构和功能的完整，保持各类生态系统间的有机联系。

（3）环境质量目标

地表水环境质量不得低于《地表水环境质量标准》Ⅱ类标准，或达到相应水环境功能区要求；

大气环境质量不低于《环境空气质量标准》二级标准，或达到相应功能区的要求；

土壤环境质量达到或优于《土壤环境质量标准》二级标准，并不低于现状。

森林和植被覆盖率不得减少。

（4）管控措施

限制区域开发强度，区域内污染物排放总量不得增加。

禁止新建、扩建、改建三类工业项目，现有三类工业项目应限期搬迁关闭。禁止在城镇（含集镇）工业集聚区外新建、扩建一切二类工业项目（矿产资源开采除外，但不得加工）；在城镇（集镇）工业集聚区内禁止新建、扩建污水排放量较大、存在有毒有害污染物排放的二类工业项目（矿产资源点状开发加工利用除外），现有的这类工业项目应转型升级，减少污染物排放；限制矿山开发和水利水电开发项目；

严格实施畜禽养殖禁养区、限养区规定，控制规模化畜禽养殖项目规模，在湖库型饮用水源上游的水源涵养区和集雨区一定范围内设立禁止规模化畜禽养殖区；

禁止在主要河流两岸、干线公路两侧进行采石、取土、采砂等活动；

禁止任何形式的毁林、开荒等破坏植被的行为，加强生态公益林保护与建设，25°以上的陡坡耕地逐步实施退耕，提升区域水源涵养和水土保持功能；

严格控制坡耕地建设，禁止在25°以上区域垦造耕地。

禁止侵占水面行为，保护好河湖湿地，最大限度保留原有自然生态系统；除以防洪、航运为主要功能的河段堤岸外，禁止除生态护岸建设以外的堤岸改造作业。

在进行各类建设开发活动前，应加强对生物多样性影响的评估，任何开发建设活动不得破坏珍稀野生动植物的重要栖息地，不得阻隔野生动物的迁徙道路。

9.4.3　农产品安全保障区

（1）基本概况

湖州市区有农产品安全保障区 7 个，主要分布在八里店镇、东林镇、织里镇、南浔镇、和孚镇、菱湖镇、石淙镇、善琏镇、练市镇、旧馆镇、双林镇、千金镇、埭溪镇部分区域。

（2）主导环境功能

保持耕地的数量和质量，保护基本农田，为种植粮食及其他食用农产品生产提供安全的环境条件，保证农产品产量和品质，确保农产品的安全生产。

（3）环境质量目标

地表水水环境质量不低于《地表水环境质量标准》Ⅲ类标准，或达到相应水环境功能区要求；

大气环境质量不低于《环境空气质量标准》二级标准，或达到相应功能区的要求；

农田土壤环境质量不低于《土壤环境质量标准》二级标准以及《食用农产品产地环境质量评价标准》。

（4）管控措施

禁止新建、扩建、改建三类工业项目和涉及重金属、持久性有毒有机污染物排放的工业项目，现有的要逐步关闭搬迁，并进行相应的土壤修复。城镇（集镇）工业集聚点外禁止二类工业项目进入（矿产资源点状开发加工利用除外）；

建立集镇居住商业区、耕地保护区与工业集聚点之间的防护带，防治污染影响。

严格实施畜禽养殖禁养区、限养区规定，控制规模化畜禽养殖项目规模；

除以防洪为主要功能的堤岸外，禁止除生态护岸建设以外的堤岸改造作业。

加强基本农田保护，严格限制非农项目占用耕地，全面实行"先补后占"，杜绝"以次充好"，切实保护耕地，提升耕地质量；

加强农业面源污染治理，严格控制化肥农药施用量，加强水产养殖污染防治，逐步削减农业面源污染物排放量。

9.4.4　人居环境保障区

（1）基本概况

湖州市区有人居环境保障区 9 个，分布在吴兴区各街道、度假区、东林镇、埭溪镇、南浔镇、旧馆镇、双林镇、练市镇、菱湖镇等的镇区、街道的中心区域。

（2）主导环境功能

保障地区居民日常生活，并提供优质的自然环境以及安全的生活环境。

（3）环境质量目标

地表水水环境质量不低于《地表水环境质量标准》Ⅲ类标准，或达到地表水环境功能区的要求；

地下水水环境质量达到《地下水质量标准》的相关要求；

大气环境质量不低于《环境空气质量标准》二级标准，或达到相应功能区的要求；

土壤环境质量不低于《土壤环境质量标准》二级标准；

声环境质量达到《声环境质量标准》1 类标准，或达到声环境功能区要求。

（4）管控措施

禁止新建、扩建、改建二类、三类工业项目，现有三类工业项目限期搬迁关闭，现有二类工业项目应逐步退出；

禁止畜禽养殖；

除公共污水处理设施外，陆域地区禁止新建入河（或湖）排污口，现有的入河（或湖）排污口应限期纳管；

合理规划布局工业、商业、居住、科教等功能区块，严格控制有噪声、恶臭、油烟等污染物排放较大的各类建设项目布局，防治污染影响。

最大限度保留区内原有自然生态系统，保护好河湖湿地生境，严格限制非生态型河湖岸工程建设范围。禁止任何建设项目阻断自然河道，对受污染的河道进行生态修复。推进城镇绿廊建设，建立城镇生态空间与区域生态空间的有机联系。

9.4.5　环境优化准入区

（1）基本概况

湖州市区有环境优化准入区 13 个，主要分布在湖州经济开发区、吴兴高新区、织里镇、八里店镇、埭溪镇、东林镇、南浔开发区、练市镇、双林镇、和孚镇、菱湖镇、旧馆镇的部分区域。

（2）主导环境功能

保障工业企业的正常良好运行，同时逐步恢复并提升已遭破坏的地区环境质量，保障人群健康安全。

（3）环境质量目标

地表水水环境质量不低于《地表水环境质量标准》Ⅲ类标准，或达到地表水环境功能区的要求；

地下水水环境质量达到《地下水质量标准》的相关要求；

大气环境质量不低于《环境空气质量标准》二级标准，或达到相应功能区的要求；

土壤环境质量达到《土壤环境质量标准》相关要求；

声环境质量达到《声环境质量标准》2类标准，或达到声环境功能区要求。

（4）管控措施

以加强企业的转型升级为主，在省级以上开发区（工业区）外禁止新建、扩建三类工业项目（除经批准专门用于三类工业集聚的开发区和工业区外），鼓励对三类工业项目进行淘汰和提升改造。在城镇（包括集镇）工业功能区以外的区域禁止新建、扩建和改建二类工业项目（矿产资源点状开发加工利用除外）。新建工业项目污染物排放水平需达到同行业国内先进水平；

优化生活区与工业功能区布局，在居住区和工业功能区、工业企业之间设置隔离带，确保人居环境安全和群众身体健康；

严格实施畜禽养殖禁养区和限养区政策，在城镇规划建设开发控制区内禁止畜禽养殖；

严格实施污染物总量控制制度，根据环境功能目标实现情况，编制实施重点污染物减排计划，削减污染物排放总量；

加强土壤和地下水污染防治与修复。

最大限度保留区内原有自然生态系统，保护好河湖湿地生境，严格限制非生态型河湖岸工程建设范围，禁止任何建设项目阻断自然河道。

加强区域性生态、绿色廊道和生态屏障规划建设，完善城市绿地系统和生态屏障体系，防止开发建设活动对生态系统间的联系产生阻隔和切断。

9.4.6 环境重点准入区

（1）基本概况

湖州市区有环境重点准入区2个，主要分布在湖州经济技术开发区和南浔经济开发区的部分区域。

（2）主导功能与保护目标

保障工业企业的正常生产，并维持区域环境质量的良好状态不受破坏。

（3）环境质量目标

地表水水环境质量不低于《地表水环境质量标准》Ⅲ类标准，或达到地表水环境功能区的要求；

地下水水环境质量达到《地下水质量标准》的相关要求；

大气环境质量不低于《环境空气质量标准》二级标准，或达到相应功能区的要求；

土壤环境质量达到《土壤环境质量标准》相关要求；

声环境质量达到《声环境质量标准》3 类标准，或达到声环境功能区要求。

（4）管控措施

调整和优化产业结构，逐步提高区域产业准入条件。严格按照区域环境承载能力，控制区域排污总量和三类工业项目数量。禁止扩建、改建有增加水污染物排放和水环境风险的三类工业项目。新建三类工业项目污染物排放水平需达到同行业国内先进水平；

合理规划生活区与工业功能区，限定三类工业空间布局范围，在居住区和工业区、工业企业之间设置防护绿地、生态绿地等隔离带，确保人居环境安全和群众身体健康。

规划建设开发控制区内禁止畜禽养殖。

加强土壤和地下水污染防治。

最大限度保留区内森林、湿地、湖泊等原有自然生态系统，保护好河湖湿地生境，严格限制非生态型河湖岸工程建设范围，禁止任何建设项目阻断自然河道。

9.5　登记表实例

为了更好地进行管理，制作了登记表，对每个功能区分别制定了环境功能定位和目标、管控措施、负面清单等内容。根据每个单元的实际现状，在管控措施中会根据保护需要，增加个性化的保护要求。负面清单中的一类、二类、三类工业项目分类目录见"6.3 工业项目分类管理名录"。

表 9-2 登记表实例

功能区名称	基本概况	环境功能定位与目标	管控措施
0502-I-3-1 梁希国家森林公园保护区	吴兴区南郊 6km 处，104 国道东侧，包括浙江梁希国家森林公园全范围。总面积 8.56km²	主导功能与保护目标：主导功能为是保护其范围内的一切自然环境和自然资源，并为游客的游憩、疗养、避暑、文化娱乐以及科学研究等提供良好的环境。环境质量目标：地表水水环境质量不得低于《地表水环境质量标准》Ⅱ类标准，或达到相应水环境功能区要求；大气环境质量达到《环境空气质量标准》一级标准；土壤环境质量达到《土壤环境质量标准》一级标准，或达到相应土壤环境功能区要求；水生态系统、生物多样性、森林质量和特定保护对象维持原始状态或得到改善	严格按照《国家级森林公园管理办法》和相关规划进行管理，禁止建设不符合规定的项目，现有的要限期关闭；禁止一切工业项目进入，现有工业项目应正或限期关闭搬迁；严禁未经处理直接排放生活污水和生活垃圾；现存工业企业污水必须全部纳管，不得排放废气、废渣；禁止经营性畜禽养殖；禁止擅自采摘、采挖花草、树木、药材等植物；禁止非法捕猎、杀害野生动物；严格控制由公园旅游开发项目产生的光污染、声污染对维持原始生态或得到破坏

120

功能区名称	基本概况	环境功能定位与目标	管控措施
0502-I-5-1 苕溪饮用水水源保护区	位于湖州开发区、东苕溪和西苕溪汇合处，包括西苕溪、东苕溪和东、西苕溪汇合后三段水体及沿岸纵深50m的陆域范围。主要由饮用水源一级和二级保护区组成，一级保护区位于城西水厂取水口东、西苕溪上游1000m，下游100m范围以及沿岸纵深50m的陆域范围；二级保护区为除一级保护区之外的区域以及沿岸纵深50m的陆域范围。总面积4.97km²	主导功能与保护目标： 主导功能为周边城市和农村居民提供赖以生存的饮用水源，防治饮用水水源地污染，保证饮用水安全；养护国家重点保护渔业资源品种及地方珍稀特有品种；为居民出行、休憩，观光等提供良好环境。 环境质量目标： 一级保护区的水质环境质量不得低于国家规定的《地表水环境质量标准》II类标准以及的《GB 5749—2006《生活饮用水卫生标准》有关要求； 二级保护区的水质环境质量不得低于国家规定的《地表水环境质量标准》III类标准，并保证一级保护区的水质能满足规定的标准； 环境空气质量达到相应的大气环境功能区要求； 土壤环境质量达到《土壤环境质量标准》一级标准，或达到相应的土壤环境功能区要求； 水生态系统、生物多样性、森林质量和特定保护对象维持原始状态或得到改善	严格按照《饮用水水源保护区污染防治管理规定》进行保护； 禁止一切工业项目进入，现有的要限期关闭搬迁； 对已经位于一级保护区内的重点污染源进行限期搬迁关闭；对已经位于二级保护区内的重点污染源进行污染整治，污水必须全部纳管，工厂逐步搬迁。所有工业废水不得排放进入水体； 一级保护区中禁止畜禽养殖。二级保护区中，除国家级水产种植资源保护区外，禁止经营性畜禽养殖； 禁止建设其它不符合保护区法律法规和规划的项目，现有的应限期改正或关闭

续表

功能区名称	基本概况	环境功能定位与目标	管控措施
0502-I-6-3 南太湖滨带岸生态保护区	吴兴区北部太湖南岸，包括沿岸纵深100m的陆域范围，西起湖州太湖旅游度假区，东至苏—浙交界的区域。中间被幻溇港段与龙溪港段截断。该区包括湖内湿地、环湖大堤和堤内湖滨与陆地的过渡带。总面积2.12km²	主导功能与保护目标： 主导功能为保障地区生态环境，维护生物多样性，为野生动植物提供繁衍生息等提供场所，为居民度假、休憩、观光等提供良好环境。 环境质量目标： 地表水水质不得低于国家规定的《地表水环境质量标准》III类标准； 环境空气质量达到《环境空气质量标准》一级标准，或达到相应的大气环境功能区要求； 土壤环境质量达到《土壤环境质量标准》一级标准，或达到相应的土壤环境功能区要求； 水生态系统、生物多样性、森林质量和特定保护对象维持原始状态或获得改善	严格按照《太湖流域管理条例》和《饮用水源保护区污染防治管理规定》进行管理； 禁止一切工业项目进入，对已经位于小区内的重点污染源进行整治，不得排放进入太湖。所有工业废水必须纳管，并限期搬迁； 禁止新建、扩建向水体排放污染物的建设项目； 禁止设置剧毒物质、危险化学品的贮存、输送设施和废物回收场、垃圾场、已设置的，相关设施和废物应当拆除或关闭，责任政府应当责令拆除或关闭； 禁止经营性畜禽养殖； 禁止扩大水产养殖规模； 禁止设置水上餐饮经营设施，已设置的，相关责任政府应当责令拆除或者关闭； 禁止新建、扩建高尔夫球场； 禁止新建、扩建污水集中处理设施排污口以外的排污口。原有排污口必须污水集中处理设施减污水排放量； 禁止设立装卸垃圾、粪便、油类和有毒物品的码头； 禁止建设其它不符合保护区法律法规和规划的项目，现有的应限期朔改正或限期关闭； 旅游开发项目不得破坏小区生态环境，减少水体面积

续表

功能区名称	基本概况	环境功能定位与目标	管控措施
0502-II-1-1 埭溪水源涵养区	吴兴区埭溪镇北部分山地森林地区，西接老虎潭水库集雨区，东接埭溪生态水源涵养山区，总面积70.2km²	主导功能与保护目标： 主导功能为保持和提高水源涵养能力，加强径流补给和自然调节的能力，保护生物多样性。 环境质量目标： 主要地表水水质不得低于《地表水环境质量标准》II类标准； 环境空气质量达到《环境空气质量标准》一级标准，或达到相应的大气环境功能区要求； 主要水源涵养区土壤环境质量达到《土壤环境质量标准》一级标准，或达到相应的土壤环境功能区要求； 森林和植被覆盖率不得减少	禁止新建、扩建、改建三类工业项目，现有三类工业项目应限期搬迁关闭；禁止在城镇（集镇）工业集聚区外新建、扩建一切二类工业项目（矿产资源开采除外，但不得加工）；在城镇（集镇）工业集聚区内禁止新建、扩建污染物排放量较大、存在有毒有害污染的二类工业项目（矿产资源点状开发加工利用除外），现有的这类工业项目应转型升级、减少污染物排放； 严格实施畜禽养殖禁养区、限养区规定，严格控制畜禽养殖规模； 加强生态公益林保护与建设，提升区域水源涵养功能；按经批准的规划实施建设的，需要办理相关生态公益林占补平衡审批手续； 严格控制矿产开发以不破坏埭溪附近生态环境造成的破坏，加强露天采场整治和景观修复治理 生态旅游开发项目必须以不破坏埭溪附近生态环境为前提，严格控制旅游开发项目对当地生态环境的影响； 限制矿山开发和水利水电开发项目

负面清单

禁止发展的产业包括三类工业项目。在城镇（集镇）工业集聚点外禁止发展的二类工业项目包括121，服装制造（有湿法印花、染色、水洗工艺的）；122，鞋业制造（使用有机溶剂的）；155，废旧资源（含生物质）加工再生、利用等

功能区名称	基本概况	环境功能定位与目标	管控措施
0502-Ⅱ-2-1 吴兴西南水土保持区	太湖度假区仁皇山街道西南部、湖州开发区杨家埠街道西部地区、吴兴区妙西镇大部分区域，北至长西苕溪导流。主要包括了南郊风景区部分区域、西塞山风景区、道场金鸡山、东林青山和东弁山山区。总面积240.4km²	主导功能与保护目标： 主导功能主要为保持水土、保育坡地，防止洪灾、泥石流、山体滑坡等自然灾害。 环境质量目标： 地表水水质不低于《地表水环境质量标准》Ⅲ类标准； 环境空气质量不低于《环境空气质量标准》二级标准； 土壤环境质量不低于《土壤环境质量标准》二级标准。 森林和植被覆盖率不得减少	禁止新建、扩建、改建三类工业项目，现有三类工业项目应限期搬迁关闭；禁止在城镇（集镇）工业集聚区外新建、扩建一切二类工业项目（集镇）工业集聚区内禁止新建、扩建污水排放的二类工业项目（矿产资源点状开发利用除外），现有排放量较大，存在有毒有害污染点状开发加工利用）的二类工业项目； 严禁这类工业项目直接排放工业废水进入附近河流、湖泊、减少污染物排放，区域内污染物排放总量不得增加； 严格控制建设项目建设和开发的强度，严格执行开发建设项目水土保持方案的申报审批制度和环境影响评价制度，各类开发建设项目必须严格按照《开发建设项目水土流失防治标准》的一级标准执行； 严格实施畜禽养殖禁养区、限养区规定，严格控制备禽养殖规模； 加强生态公益林保护与建设，提升区域水土保持功能；按经批准的规划实施建设的，需办理相关公益林占补平衡审批手续。 禁止侵占水域行为，保护好河湖湿地，最大限度保留原有自然生态系统； 禁止在河流两岸、干线公路两侧进行采石、取土、采砂等活动； 限制矿山开发和水利水电开发项目

负面清单

禁止发展的产业包括三类工业项目，在城镇（集镇）工业集聚点外禁止发展的二类工业项目包括：46，黑色金属压延加工；50，有色金属压延加工；121，服装制造（有湿法印花、染色、水洗工艺的）；122，鞋业制造（使用有机溶剂的）；155，废旧资源（含生物质）加工再生、利用等

续表

功能区名称	基本概况	环境功能定位与目标	管控措施
0502-Ⅱ-4-1 南太湖沿岸生态保障区	吴兴区北部太湖南岸，西起度假区一长兴交界东至苏一浙交界的区域，其中幻溇港、龙溪港沿岸为太湖沿岸到沿岸纵深1000m的陆域范围。多条入太湖河流流经此区域。总面积21.8km²	主导功能与保护目标： 主导功能主要为提高区域植被覆盖面积，为居民提供休闲、游憩、度假的场所。 环境质量目标： 地表水水质不低于《地表水环境质量标准》Ⅲ类标准； 环境空气质量不低于《环境空气质量标准》二级标准； 土壤环境质量不低于《土壤环境质量标准》二级标准； 森林和植被覆盖率不得减少	严格按照《太湖流域管理条例》和《饮用水水源保护区污染管理规定》进行管理； 禁止新建、扩建、改建三类工业项目，现有的应限期搬迁关闭；禁止新建、扩建二类工业项目，现有的应转型升级，减少污染物排放； 严格实施畜禽养殖禁养区、限养区规定，控制规模化畜禽养殖项目规模，东太湖取水口一定范围内设立禁止畜禽养殖区； 禁止扩大水产养殖规模； 禁止设置剧毒物质、危险化学品的贮存、输送设施和废物回收场、垃圾场，已建的，相关责任政府应当责令拆除或者关闭； 禁止设置水上餐饮经营设施，已建的，相关责任政府应当责令拆除或者关闭； 禁止新建、扩建高尔夫球场； 禁止设立装卸垃圾、粪便、油类和有毒物品的码头； 禁止新建、扩建污水集中处理设施排污口以外的排污口。原有排污口必须削减污水排放量，最大限度侵占河湖湿地，保护好河湖湿地，最大限度保留原有自然生态系统； 禁止除生态护岸建设、防洪作业、合法码头以外的堤岸改造作业（已经成建设规划并通过审批的除外）

续表

功能区名称	基本概况	环境功能定位与目标	管控措施
0503-Ⅲ-1-5 京杭运河两岸粮食及优势农作物环境保障区	小区位于南浔区东南部，主要涵盖了善琏镇、千金镇、练市镇京杭运河镇区段上下游（京杭运河镇区除外）地区的广大农村，区域面积144.99km²	主导功能与保护目标： 主导功能为保障粮食和经济作物的正常生产，是保障功能周边地区粮食供给的重要战略区域。 环境质量目标： 主要地表水水质不低于《地表水环境质量标准》Ⅲ类标准； 环境空气质量不低于《环境空气质量标准》二级标准； 重点粮食蔬菜产地执行《食用农产品产地环境质量评价标准》和《温室蔬菜产地环境质量评价标准》； 农田土壤环境质量不低于《土壤环境质量标准》二级标准。 基本农田保护率达到100%	禁止新建、扩建、改建三类工业项目和涉及重金属、持久性有毒有害闭合物排放的工业项目，现有的要逐步关闭搬迁，并进行相应的土壤修复。城镇（集镇）工业集聚点状开发加工禁止二类工业项目进入（矿产资源点状开发加工除外）；严格实施畜禽养殖禁养区、限养区规定，控制规模化畜禽养殖项目规模； 加强基本农田保护，严格限制非农项目占用耕地，全面实行"先补后占"，杜绝"以次充好"，切实保护耕地，提升耕地质量； 严格控制化肥农药施用量，控制农业面源污染

负面清单

禁止发展三类工业项目。在城镇（集镇）工业集聚点外禁止发展的二类工业项目包括：46，黑色金属压延加工；50，有色金属压延加工；121，服装制造（有湿法印花、染色、水洗工艺的）；122，鞋业制造（使用有机溶剂的）等。

续表

功能区名称	基本概况	环境功能定位与目标	管控措施
0502-Ⅲ-2-1 东林—道场湿地水产品环境保障区	吴兴区东南部，包括东林镇大部分区域和道场乡施家桥片区。总面积51.47km²	主导功能与保护目标： 主导功能为保障水产品正常生产，防治污染，保护和改善环境，保障人体健康，促进水产养殖生产。 环境质量目标： 主要地表水水质不低于《地表水环境质量标准》Ⅲ类标准； 渔业生产区满足《渔业水质标准》； 环境空气质量不低于《环境空气质量标准》二级标准； 农田土壤环境质量不低于《土壤环境质量标准》二级标准	禁止新建、扩建、改建三类工业项目和涉及重金属、持久性有毒有机污染物排放的工业项目，现有的要逐步关闭搬迁，并进行相应的土壤修复。城镇（集镇）工业集聚点外禁止二类工业项目进入； 严格实施畜禽养殖禁养区、限养区规定，严格控制畜禽养殖规模； 严格限制非生态型河湖岸工程建设
负面清单			
禁止发展三类工业项目。在城镇（集镇）工业集聚点外禁止发展的二类工业项目包括：46，黑色金属压延加工；50，有色金属压延加工；121，服装制造（有湿法印花、染色、水洗工艺的）；122，鞋业制造（使用有机溶剂的）等			

续表

功能区名称	基本概况	环境功能定位与目标	管控措施
0502-V-0-13 八里店环境优化准入区	吴兴区八里店南部，北靠顺塘，南至二环南路。该区隔着西山漾防护绿带分为东西两片，东片属八里店分区，西片属湖东分区。总面积4.51km²	主导功能与保护目标： 主导功能为保障工业企业的正常良好运行，同时逐步恢复并提升已遭破坏环境的地区环境质量。 环境质量目标： 主要地表水水质不低于《地表水环境质量标准》Ⅲ类标准，或达到地表水环境功能区的要求。 地下水达到《地下水质量标准》的相关要求； 环境空气质量不低于《环境空气质量标准》二级标准，或达到相应功能区的要求。 土壤环境质量达到《土壤环境质量标准》相关要求；声环境质量达到《声环境质量标准》2类标准，或达到声环境功能区要求	禁止新建、扩建三类工业项目，但鼓励对三类工业项目进行淘汰和提升改造； 禁止畜禽养殖； 禁止新建入河排污口，现有的入河排污口应限期纳管； 合理规划生活区与工业区，在居住区、工业企业之间设置隔离带，确保人居环境安全和群众身体健康； 最大限度保留区内原有自然生态系统，保护好河湖湿地生境，严格限制非生态型河湖岸工程建设范围

负面清单

禁止发展三类工业项目。在城镇（集镇）工业集聚点外禁止发展废水排放较多的二类工业项目，包括：J 非金属矿采选及非金属制品制造（不含58、水泥制造；不含68、耐火材料及其制品中的石棉制品；不含69、石墨及其非金属矿物制品中的石墨、碳素）等

功能区名称	基本概况	环境功能定位与目标	管控措施
0502-Ⅵ-0-1 国家开发区环境重点准入区	湖州开发区大部分区域，分为杨家埠片区、南太湖生物医药园、综合物流园区。其中杨家埠生物医药园、康山片区与南太湖生物医药园相邻，104国道为两区分界。杨家埠片区南至施儿港，西北边界为杭铁路，西北边界为新104国道，西南边界为宣杭铁道；南太湖生物医药园北至外环北路，南至西东路，东至三环东路，西至三环东路，东至宣杭铁路，康山片区西以宣城西路为界，南以妙西路为界，北部以康山山体为界，东部以长深高速为界，嘉湖高速为界。总面积28.63km²	主导功能与保护目标： 主导功能为保障工业企业的正常生产，并维持区域环境质量的良好状态不受破坏。 环境质量目标： 主要地表水水质不低于《地表水环境质量标准》Ⅲ类标准，或达到地表水环境功能区的要求； 地下水达到《地下水水质标准》的要求； 环境空气质量不低于《环境空气质量标准》二级标准，或达到大气环境功能区的要求； 土壤环境质量达到《土壤环境质量标准》相关要求； 声环境质量达到《声环境质量标准》3类标准，或达到声环境功能区要求	除从小区周边迁入的三类企业之外，严格控制新建三类重污染企业数量和排污总量。所有三类企业污水必须纳管； 西苕溪岸线两侧各1000m范围内，禁止新建、扩建化工、医药生产及其他涉及危险化学品、重金属污染企业布局，严格控制重污染企业布局，逐步提高产业准入条件； 对于污染物超标排放或者污染物排放总量超过规定限额的企业，以及生产中使用有毒有害物质的企业必须进行清洁生产审核； 禁止新建、扩建规模化畜禽养殖项目； 禁止新建排入河溪排污口，现有的排污口应限期纳管； 居住区和工业园、工业企业之间必须设置隔离带； 对于医药、化工等存在较多废气排放的重点企业须安装在线监测设备，控制废气排放量

负面清单
禁止新建排废水排放量较大的以及不符合集聚区产业规划的三类工业项目，禁止扩建、改建有增加水污染物排放和水环境风险的三类工业项目。新建三类工业项目污染物排放水平需达到国内同行业国内先进水平